基础学烘焙

DANGAO ZHIZUO JIFA

蛋糕制作技法

编著 犀文图书

天津出版传媒集团

 天津科技翻译出版有限公司

前言

PREFACE

烘焙，又称烘烤，指食物通过干热的方式脱水变干变硬的过程。烘焙食品则是以面粉、油、糖、鸡蛋等为主料，添加适量配料，并通过和面、发酵、成型、烘烤等工序制成的口味多样、营养丰富的食品。烘焙食品诞生的时间已经难以考究，但自从电烤箱问世以来，烘焙食品进入了快速发展的“黄金时代”。在许多国家，无论是主食，还是副食，烘焙食品都占有十分重要的位置。

近些年，由于食品安全问题，包括添加一些不规范的添加剂或非法使用添加剂的曝光，让许多家庭在购买烘焙等食品时，越来越谨慎，从而将更多的时间投入到厨房亲自制作。同时，随着家用电烤箱在我国逐渐普及，越来越多的家庭“煮妇”被烘焙食品无烟、健康、营养等特点掠取了“芳心”，甚至，很多人在第一次接触电烤箱后，就被其“神奇”的工作模式“俘获”，成为烘焙的忠实“粉丝”。

烘焙食品是现代社会的“舶来品”，在制作时同传统的家常食物一样，也需要掌握一定的烹饪技巧和基础知识。为此，我们通过精心地策划，特意制作了这套关于家庭烘焙的丛书——《家庭烘焙坊》。

本套丛书包括《烘焙制作基础》、《饼干挞派制作技法》、《蛋糕制作技法》、《面包制作技法》四册，全面系统、科学合理地为大家讲述适宜家庭操作的饼干、蛋糕、面包、挞派、比萨等烘焙食品的制作方法，介绍详细，制作简单，并配有精美的图片、实用的烘焙要领和家庭烘焙的一些基础知识，让您一学就会。

《蛋糕制作技法》汇集了各类型的蛋糕，包括海绵蛋糕、戚风蛋糕、天使蛋糕、重油蛋糕、慕斯蛋糕等，内容详细、编排合理，期望给即将学习烘焙的您带来便利，并让您更好地体验家庭烘焙的温馨和欢乐。

编者

目录
CONTENTS

第一章 蛋糕基础知识

第二章 海绵蛋糕

第三章 戚风蛋糕

第四章 天使蛋糕

第五章 重油蛋糕

第六章 慕斯蛋糕

第一章

蛋糕基础知识

蛋糕小常识

所谓蛋糕，顾名思义就是以鸡蛋为基本材料制作为糕的食品，是一种名副其实的高级食品。具体来说，蛋糕是用鸡蛋、白糖、小麦粉为主要原料，以牛奶、果汁、奶粉、香粉、色拉油、水、起酥油、发粉为辅料，经过搅拌、调制、烘烤后制成一种像海绵的点心。

蛋糕是西点种类中应用量最多，应用范围最广的产品。由于蛋糕起源较早，发展较快，是西点种类中最具知名度的品种，也是西点产品用于组合搭配的主流。因此，大家普遍认为蛋糕就是西点的代名词。

蛋糕的发展来源：在西方古代物质缺乏的时代，蛋的来源较少，只有皇家贵族才能品尝到蛋的美味，而蛋糕更是一种宫廷美食，只在宫廷的宴席上，才有机会品尝。随着历史的发展，尤其是民间畜牧业发展使蛋糕的来源更加丰盛时，皇家贵族独享的美食——蛋糕才慢慢发展到民间，并流传到各地。

蛋糕的分类

1. 海绵蛋糕：是一种乳沫类蛋糕，其构成的主体是鸡蛋、糖搅打出来的泡沫和面粉结合而成的网状结构。因为海绵蛋糕的内部组织有很多圆洞，类似海绵，所以叫海绵蛋糕。海绵蛋糕又分为全蛋海绵蛋糕和分蛋海绵蛋糕，全蛋海绵蛋糕是全蛋打发后加入面粉制作而成；分蛋海绵蛋糕在制作的时候，要把鸡蛋清和鸡蛋黄分开后分别打发，再与面粉混合制作而成。

2. 戚风蛋糕：是比较常见的一种基础蛋糕，也是现在很受西点烘焙爱好者喜欢的一种蛋糕。生日蛋糕一般就是用戚风蛋糕来做底。戚风蛋糕的做法很像分蛋的海绵蛋糕，其不同之处就是材料的比例，新手还可以加入发粉和塔塔粉，那么蛋糕的组织就会非常松软。

3. 天使蛋糕：天使蛋糕也是一种乳沫类蛋糕，其构成的主体是蛋液经过搅打后

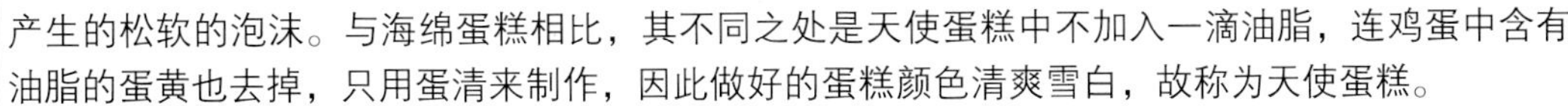

产生的松软的泡沫。与海绵蛋糕相比，其不同之处是天使蛋糕中不加入一滴油脂，连鸡蛋中含有油脂的蛋黄也去掉，只用蛋清来制作，因此做好的蛋糕颜色清爽雪白，故称为天使蛋糕。

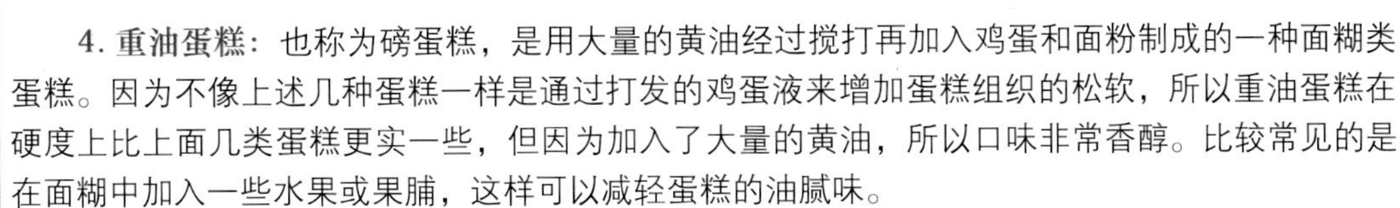

4. 重油蛋糕：也称为磅蛋糕，是用大量的黄油经过搅打再加入鸡蛋和面粉制成的一种面糊类蛋糕。因为不像上述几种蛋糕一样是通过打发的鸡蛋液来增加蛋糕组织的松软，所以重油蛋糕在硬度上比上面几类蛋糕更实一些，但因为加入了大量的黄油，所以口味非常香醇。比较常见的是在面糊中加入一些水果或果脯，这样可以减轻蛋糕的油腻味。

5. 奶酪蛋糕：也称为芝士蛋糕，是现在比较受大家喜欢的一种蛋糕。奶酪蛋糕中加入了多量的乳酪，一般加入的都是奶油奶酪。奶酪蛋糕又分为以下几种：①重奶酪蛋糕：即奶酪的分量加得比较多，一般1个8寸的奶酪蛋糕，奶油奶酪的分量应该不少于250克。因为奶酪的分量比较多，所以重奶酪蛋糕的口味比较实，奶酪味很重，所以在制作时多会加入一些果酱来增加口味。②轻奶酪蛋糕：轻奶酪蛋糕在制作时奶油奶酪加得比较少，同时还会用打发的鸡蛋清来增加蛋糕的松软度，粉类也会加得很少，所以轻奶酪蛋糕的口感非常绵软，入口即化。③冻奶酪蛋糕：是一种免烤蛋糕，会在奶酪蛋糕中加入明胶之类的凝固剂，然后放冰箱冷藏至蛋糕凝固，因为不经过烘烤，所以不会加入粉类材料。

6. 慕斯蛋糕：是一种免烤的蛋糕，通过打发的鲜奶油、水果果泥和胶类凝固剂冷藏制成，一般会以戚风蛋糕片做底。

蛋糕的八大打法

1. **戚风打法**：即分蛋打法，鸡蛋清加糖打发，鸡蛋黄加其他液态材料及粉类材料拌匀后与面糊拌和。

2. **海绵打法**：即全蛋打法，鸡蛋清、鸡蛋黄、糖混合一起搅拌至浓稠状，呈乳白色且勾起乳沫约 2 秒才滴下，再加入其他液态材料及粉类拌和。

3. **法式海绵打法**：鸡蛋清加 1/2 糖打发，鸡蛋黄加 1/2 糖打发至乳白色，两者拌和后再加入其他粉类材料及液态材料拌和。

4. **天使蛋糕法**：鸡蛋清加塔塔粉打发泡，再分次加入 1/2 糖搅拌至湿性发泡（不可搅至干性），面粉加 1/2 糖过筛后加入拌和至吸收即可。

5. **糖油拌和法**：油类先打软后加糖或糖粉搅拌至松软绒毛状，再加鸡蛋拌匀，最后加入粉类材料拌和，例如饼干类、奶油蛋糕等就是采用这种方法。

6. **粉油拌和法**：油类先打软加面粉打至膨松后，加糖再打发呈绒毛状，加鸡蛋搅拌至光滑，适用于耗油量 60% 以上之配方蛋糕，例如水果蛋糕。

7. **湿性发泡**：鸡蛋清或鲜奶油打起泡后加糖搅拌至有纹路且雪白光滑状，勾起时有弹性挺立但尾端稍弯曲。

8. **干性发泡**：鸡蛋清或鲜奶油打起泡后加糖搅拌至纹路明显且雪白光滑，勾起时有弹性而尾端挺直。

蛋糕体的形成

蛋糕体的构成原理并不复杂，它利用了鸡蛋的特性。鸡蛋在搅拌过程中产生的气泡非常丰富，这是由鸡蛋的蛋白胶质纤维将空气包裹而形成的，经过搅拌的蛋液会慢慢形成泡沫蛋糊。

鸡蛋在搅拌过程中，蛋白胶质扩张到一定程度后，会出现老化现象，若继续拌打，泡沫就会破裂，因此只有在蛋液中加入一定比例的糖粉才能使之得到改善，糖粉在溶解时与蛋液充分混合，可达到增加蛋白胶质延伸性的效果，使之不易老化。

将蛋糊搅拌到一定程度后，加入面粉，然后充分拌至面粉吸透蛋液而成为蛋面糊，接着将蛋面糊装入模具或烤盘，放入烤炉加热烘烤。蛋面糊在加热过程中，随着温度的上升，其所含的泡沫会膨胀破裂，同时面粉在温度提升时，亦会出现糊化的现象，从而形成海绵状的蛋糕体。

简而言之，使用鸡蛋、砂糖和面粉这三种最基本的材料就可以制作最基础的蛋糕体，但要追求更加丰富的口感、风味或款式的蛋糕，就必须采用不同风味的辅助材料来进行搭配（如可可粉、香粉、油脂、奶品等）。

鸡蛋对蛋糕的作用

鸡蛋是蛋糕中唯一不可或缺的基本材料，具有其他食品所不能比拟的诸多优点，尤其是鸡蛋的特征，更有其他物质所无法取代的特色。鸡蛋主要是具有起泡作用和抱气功能，经过一番打搅后能将空气吸收而保住空气(抱气)，促成倍数体积，而再经烘烤时，并不需要依靠酵母或其他的化学膨大剂(发粉)，就能达到膨胀数倍效果，并能构成芬芳及优柔体质的功能，是蛋糕体积构成唯一不可缺少的基本成分。

此外，鸡蛋对蛋糕还有相当多的助益功能，如对香味和颜色的完善，促进面糊面团乳化，改善体质促进爽口等。

鸡蛋的主要成分及保存方法

全蛋成分：蛋壳、蛋黄、蛋清、水分，蛋壳占蛋量10.3%，蛋黄占蛋量30.3%，蛋清占蛋量59.4%，水分占蛋量75%；

蛋黄成分：水分、油脂、蛋白质、葡萄糖、灰粉，水分占49.6%，油脂占33.4%，蛋白质占15.75%，葡萄糖占0.15%，灰粉占1.1%；

蛋清成分：水分、蛋白质、灰粉、葡萄糖，水分占88%，蛋白质占10.7%，灰粉占0.9%，葡萄糖占0.4%。

鸡蛋的保存方法：一般常温下可保鲜10天，冷藏蛋温度在5℃～10℃保鲜3周，冷冻蛋温度在-5℃～0℃度保鲜4周(结冰时退冰仍可食用)。

蛋黄对蛋糕的作用

蛋黄是一种柔性材料，但由于乳化性强也具有被打发成倍数的特性，不过打发时间比蛋清和全蛋的时间要长，鲜度不足的蛋黄或速度太快都很难打成倍量。不过蛋黄有着特强的结合凝固作用，对于布丁、果冻、慕斯产品有着特殊的作用。

蛋黄在西点食品中用途较广，用量极大。此前，因蛋黄的成本较高，西点蛋糕中使用蛋黄的产品较少。近些年，为适应当前流行的高品位、高价位的市场需求，使用蛋黄制作产品中的概率也大为开拓，蛋黄在烘焙产品中有如下几个优点：①对干体质的产品有酥松膨化作用；②对湿体质的产品有结合凝固作用；③对烘烤的产品有着色作用；④对产品体质有乳化作用；⑤增加产品体内的金黄色；⑥促进烘烤的膨大作用等。

蛋清对蛋糕的作用

蛋清是一种韧性特强的蛋品，与全蛋或蛋黄相比较，蛋清是起泡最强的一种，它起泡的速度要比蛋黄、全蛋快很多，而抱气力也最大，能够打发至数倍体积，体质状态具有良好的韧性和可塑性。一般制作全蛋式蛋糕也就是因为其中有大量的蛋清，才能起到快速起泡的作用，所以能形成蛋糊且有膨大体积的效果，所以说蛋清是促成蛋糕膨大体积的最佳原料。

蛋清起泡状态的控制

蛋清具有全蛋和蛋黄所不及的打发特性，不过在打发的同时应特别注意蛋清起泡后的起泡状态，因蛋清起泡的速度很快，可以说转眼间就能使体积膨大数倍。但由于蛋清的韧性特强无法控制本身的抱气能量，因此在搅拌机不停地转动之下，在不断地吸收空气的同时，很容易造成体积超载而形成体质分离。这个速度很难以人为的经验和动作来加以监视和控制。经验丰富的熟手，可能将搅拌的速度减慢来控制蛋清的状态，不过也很难达到理想的效果，尤其新手更是措手不及。

蛋清的搅拌

搅拌条件：搅拌蛋清的唯一条件，就是要将搅拌缸或搅拌器清洗干净，不能有油脂成分。如果有搅拌缸或搅拌器残留下来的少量油脂，或者因打蛋时将少许蛋黄残留其中，都会对蛋清起泡造成很大的影响，严重时无法起泡，即使起泡也会使发泡的产品不理想，应注意此点。

搅拌的速度：应以中速为佳，不过一般饼店因赶工都用快速搅拌，快速搅拌的蛋清气泡大质粗、韧性及安定性差。慢速搅拌的蛋清气泡小，质细性柔、安定性强，好品质的蛋清与其他的材料混合时气泡不易消失，能够使面糊体积膨大，也具有可塑性，能使蛋糕打发到理想的品质。

蛋清的搅拌状态及对蛋糕的影响

蛋清起泡后所形成的状态可分为起泡状态、湿性状态、中性状态（鸡尾状）等三个阶段。在这三种状态之中除起泡状态不能使用之外，其余两种都可使用，尤其是中性状态溶合力最强。蛋清对蛋糕的体积膨大有影响，搅拌不足时与其他材料混合面糊状态不佳，搅拌过度时与其他材料混合后容易造成气泡流失，因此得不到良好的效果。要使蛋糕具有膨大的体积，对蛋清的搅拌状态要有一定的认识，才能使蛋糕做得更为理想。

糖、盐、油脂对蛋糕的作用

糖的选择及对蛋糕的作用

通常用于蛋糕制作的糖是砂糖，也可以用少量的糖粉或糖浆。糖在蛋糕制作中，是主要原料之一。

砂糖为白色粒状晶体，纯度高，蔗糖含量在99% 以上，按其晶粒大小又分粗砂、中砂和细砂。如果是制作海绵蛋糕或戚风蛋糕最好用砂糖，以颗粒细密为佳，因为颗粒大的糖往往由于糖的使用量较高或搅拌时间短而不能溶解，如蛋糕成品内仍有糖颗粒存在，则会导致蛋糕的品质下降。

糖粉是蔗糖的再制品，为纯白色的粉状物，味道与蔗糖相同。在重油蛋糕或蛋糕装饰上常用。

糖浆有转化糖浆和淀粉糖浆两种，转化糖浆是用砂糖加水和酸熬制而成；淀粉糖浆又称葡萄糖浆等，是通常使用玉米淀粉加酸或加酶水解，经脱色、浓缩而成的黏稠液体。糖浆可用于蛋糕装饰，国外也经常在制作蛋糕面糊时添加，起到改善蛋糕的风味和保鲜的作用。

糖在蛋糕中的作用表现为：①增加制品甜味，提高营养价值；②改变表皮颜色，在烘烤过程中，蛋糕表面变成褐色并散发出香味；③填充作用，使面糊光滑细腻，产品柔软，这是糖的主要作用；④保持水分，延缓老化，具有防腐作用。

盐在蛋糕中的作用

盐可降低蛋糕的甜度，使蛋糕的口感适中，不加盐的蛋糕甜味比较重，食后生腻，而盐不但能降低甜度，还能带来其他独特的风味。盐还可加强面筋的结构，使之比较松软。

油脂的选择及对蛋糕的作用

在蛋糕的制作中用得最多的是黄油和色拉油。黄油具有天然纯正的乳香味道，颜色佳，营养价值高，对改善产品的质量有很大的帮助；而色拉油无色无味，不影响蛋糕原有的风味，所以被广泛采用。

油脂在蛋糕中的作用：①固体油脂在搅拌过程中能保留空气，有助于面糊的膨发和增大蛋糕体积；②油脂可使面筋蛋白和淀粉颗粒润滑柔软（柔软只有油才能起到作用，水在蛋糕中不能做到）；③具有乳化性质，可保留蛋糕中的水分，使之不过分干燥；④油脂还可改善蛋糕的口感，增加风味。

面粉、蛋糕油对蛋糕的作用

面粉的选择及对蛋糕的作用

面粉由小麦加工而成，是制作蛋糕的主要原料之一。面粉大致可分为五大类，它们分别是高筋面粉、中筋面粉、低筋面粉、全麦粉和蛋糕专用粉。通常用于制作蛋糕的面粉是软质面粉，也就是低筋面粉或蛋糕专用面粉。

低筋面粉是由软质白色小麦磨制而成，特点是蛋白质含量较低，一般为7% ~ 9%，湿面筋不低于22%。

蛋糕专用面粉是经氯气处理过的一种面粉，这种面粉色白，面筋含量低，吸水量很大，做出来的产品保存率高，是专用于制作蛋糕的。

在蛋糕的制作中，面粉的面筋构成蛋糕的骨架，淀粉起到填充作用，是主要成分之一。

蛋糕油对蛋糕的作用

蛋糕油又称蛋糕乳化剂或蛋糕起泡剂，在海绵蛋糕的制作中起着重要的作用。20世纪80年代初，国内制作海绵蛋糕时还未添加蛋糕油，在打发的时间上非常慢，出品率低，成品的组织也粗糙，还会有严重的蛋腥味。后来添加了蛋糕油，制作海绵蛋糕时打发的全过程就只需8 ~ 10分钟，出品率也大大地提高，成本也降低了，且烤出的成品组织均匀细腻，口感松软。

在蛋糕面糊的搅打时，加入蛋糕油，蛋糕油可吸附在空气——液体界面上，使界面张力降低，液体和气体的接触面积增大，液膜的机械强度增加，有利于浆料的发泡和泡沫的稳定；使面糊的比重和密度降低，而烘出的成品体积增加；同时还能够使面糊中的气泡分布均匀，大气泡减少，使成品的组织结构变得更加细腻、均匀。

蛋糕油的添加量一般是鸡蛋的3% ~ 5%。因为它的添加是紧跟鸡蛋走的，每当蛋糕的配方中鸡蛋增加或减少时，蛋糕油也须按比例加大或减少。蛋糕油一定要在面糊的快速搅拌之前加入，这样才能充分地搅拌溶解，达到最佳的效果。

蛋糕油一定要保证在面糊搅拌完成之前能充分溶解，否则会出现沉淀结块的现象。面糊中有蛋糕油的添加则不能长时间的搅拌，因为过度搅拌会使空气拌入太多，反而不能够稳定气泡，从而导致破裂，最终造成成品体积下陷，组织变成棉花状。

塔塔粉、液体、化学膨松剂对蛋糕的作用

塔塔粉对蛋糕的作用

塔塔粉的化学名为酒石酸钾，是制作戚风蛋糕必不可少的原材料之一。戚风蛋糕是利用鸡蛋清来起发的，鸡蛋清偏碱性，pH 值达到 7.6，而鸡蛋清在偏酸的环境下也就是 pH 值在 4.6 ~ 4.8 时才能形成膨松稳定的泡沫，起发后才能添加大量的其他配料下去。戚风蛋糕正是将鸡蛋清和鸡蛋黄分开搅拌，鸡蛋清搅拌起发后需要拌入鸡蛋黄部分的面糊下去，没有添加塔塔粉的鸡蛋清虽然能打发，但是加入鸡蛋黄面糊下去则会下陷，不能成形，所以可以利用塔塔粉的这一特性来使蛋糕达到最佳效果。

塔塔粉的作用：①帮助蛋清起发，使泡沫稳定、持久，使制品的形状更加美观；②增加制品的韧性，使产品更为柔软。

在制作的过程中，需要注意塔塔粉的添加量，其添加量为全蛋的 0.6% ~ 1.5%，与鸡蛋清部分的砂糖一起拌匀加入。

液体对蛋糕的作用

蛋糕所用液体大都是全脂牛奶（鲜奶），但也可使用淡炼乳、脱脂牛奶或脱脂奶粉加水，如要增加特殊风味也可用果汁或果酱作为液体的配料。

液体的作用：①调节面糊的稀稠度；②增加制品的水分；③使组织细腻，降低油性；④调节蛋糕的风味，指在制品中加入牛奶、果汁等，牛奶与水的配比是 1 份奶粉加 9 份清水。

化学膨松剂对蛋糕的作用

用于蛋糕中的化学膨松剂有发粉、小苏打和臭粉，在蛋糕的制作中使用最多的是发粉。

发粉：成分是小苏打 + 酸性盐 + 中性填充物（淀粉），酸性盐分为强酸和弱酸两种，强酸是一种快速发粉，遇水即发，弱酸是一种慢速发粉，要遇热才发。混合发粉则是双效发粉，最适合用于蛋糕的制作。

小苏打：化学名为碳酸氢钠，遇热加温放出气体，使制品膨松。溶于水时呈碱性，使用过多会使成品有碱味，蛋糕中较少用。

臭粉：化学名为碳酸氢氨，遇热产生二氧化碳气体，使之膨胀。由于臭粉会溶于水，残留后可使制品带有异臭，影响口感，故宜用于含水量较少的制品，且臭粉的分解温度比较高，宜在加工温度较高的面团中使用。

化学膨松剂的作用：①可增加蛋糕的体积，使蛋糕的造型更加好看，口感更好；②可使体积结构松软，并让蛋糕组织内部气孔均匀，外形较为美观。

制作蛋糕的工具

认识了解制作蛋糕的工具设备及用途，对于烘焙爱好者是十分必要的，工具、设备的种类很多，其功能、性能也不尽相同。

一、设备

1. 搅拌机

用于蛋糕制作的搅拌机有大型搅拌机、鲜奶油小型搅拌机、手提式搅拌机。搅拌机主要用来搅打蛋糕坯料糨糊和奶油浆料，其作用是将蛋糕坯料或奶油经快速旋转搅打充气，改变其内部物理性状结构，形成新的性状稳定组织，并能提高产值和口感，有利于稳定蛋糕装饰造型。大型搅拌机体积大，功率大，产量大，稳定性好，但不适用于家庭；小型鲜奶搅拌机为专业型鲜奶油搅打设备，体积小，重量轻，功率小，可调速，损耗小，便于搬运，对于家庭使用比较适合。手提式鲜奶油搅拌机，其性能同小型鲜奶搅拌机，其体积更小，重量更轻，功率小，损耗小，便于携带，最适宜供家庭使用。

2. 烤箱

烤箱有多种，用来烤蛋糕、面包的为层装烤箱或皮勒炉，是制作熟制食品的重要设备。选购烤箱需要注意的事项有：①外观检查。外表面的烤漆应均匀、色泽光亮、无脱落、无凹痕或严重划伤等，箱门开关灵活、严实、无缝隙，窗玻璃透明度好。各种开关、旋钮造型美观，加工精细。刻度盘字迹清晰，便于操作。假冒伪劣产品往往采用冒牌商标和包装，或将组装品冒充进口原装品，其箱体凸凹不平、有锈斑、外观粗糙、各种开关不灵活、功能效果不明显，通电后升温缓慢，达不到标准要求。②检查随机附件是否齐全。如柄叉、烤盘、烤网等。③检查电源插头。接线要牢固，接地线完好并无接触不良现象。

二、装饰工具

用于蛋糕的装饰工具一般分为刀具、托片类，花嘴、花袋类，纤维毛笔、喷笔、花捧类，模具类等，用途各有区别：

1. 刀具、托片类

（1）吻刀：盛装奶油的主要工具，也是抹坯必用的工具，有长、短之分，如8寸、10寸、12寸。

（2）锯齿刀：分粗锯齿刀、细锯齿刀两种，长短不同，粗锯齿刀可用来切割糕坯，也可用来抹坯，制作奶油面装饰纹理，细锯齿刀主要用来切割糕坯。

（3）水果刀具：水果刀具是蛋糕装饰不可缺少的工具，在蛋糕造型装饰中，很多装饰与水果分不开，切割水果造型是水果蛋糕装饰的重要内容和方法，水果刀具比较常用。

（4）铲刀：铲刀有平口铲刀、斜口铲刀等，多用来制作巧克力造型，可以铲巧克力花瓣、巧克力花、巧克力棒，也可以用来制作拉糖造型。

（5）雕刻刀：专门用于巧克力雕刻造型，有钢质刀形、塑料质地刀形等，形状各异，钢、柔相配，专业特点明显，是制作巧克力雕塑的必备工具。

（6）挑刀：挑刀是用来转移蛋糕的专用工具，有直挑刀、心形挑刀、三角挑刀等。

（7）刮片、托片：按其用途可分欧刮片、普通刮片，有铁质，也有塑料质地的，欧式刮片形状各异，一般可分为细齿类刮片、粗齿类刮片、普通刮片类、三角形类刮片，主要用来制作手拉坯蛋糕款式和面饰刮图，方便快捷。

2. 花嘴、花袋类

（1）花嘴：花嘴制作有冲压成型，这种方法质量稳定，边口整齐；有卷焊成型，这种方法质量不稳定。花嘴形式多种多样，奶油通过花嘴可做边、做花、做动物等各种造型。

（2）转换嘴：用在裱花袋前端，用来调节花嘴旋转方向，调换花嘴的中间装置，使用比较方便，多为硬质塑，规格有大号、中号、小号。

（3）花袋：裱花袋主要用来结合花嘴，盛装奶油。通过手的握力，使奶油通过花嘴挤出，并在蛋糕表面装饰造型，也可以用来盛装果膏，在蛋糕表面淋面装饰。花袋有布胶袋、塑料袋两种。

3. 纤维毛笔、喷笔、花棒

（1）纤维毛笔：用于蛋糕奶油造型制作，经过毛笔处的奶油造型立体、细致（如仿真卡通、动物、人物），也可以在蛋糕上用彩色果膏绘制造型，可以绘制各种平面视觉艺术效果，如西洋画、中国画都可以用毛笔表达出来。

（2）喷笔：喷笔由气泵、输气管、喷笔三个部分组成，主要用途是结合其他奶油食品造型，进行色彩处理。其原理是将食用素滴入笔色料斗，通过气压将色浆喷出，达到处理色彩的作用。喷笔上色在奶油表面，易着色，色素量少，是食品着色的理想工具。

（3）花棒：花棒两头呈锥形，是配合花托裱挤花卉的专业工具，花托的形状很多种，如传统形花棒、马来花捧、英式花棒、筷子花棒等。

4. 模具

模具是蛋糕装饰成型用具的一部分，主要有原始糕坯模、莫斯模、巧克力模（冰模、塑料模、塑胶模）、水果分切模、筛粉模等。

（1）原始蛋糕坯模烤盘：有活动底坯模烤盘、连底烤盘，莫斯模按形状可分为圆形、方形、心形、三角形。

（2）巧克力模：巧克力模有铜质冰模、塑料模、塑胶模三种。模具又分阴模、阳模，表面凸出的叫阳模，表面凹进的叫阴模，模具是巧克力成形的主要工具。

（3）糖泥巧克力制作工具：用于蛋糕软体固态的原料造型，分为模具、塑具两类，模具有切压模具和托压模，塑具是用来塑造形体结构的工具。

蛋糕的制作流程

1. 选料

选料对于蛋糕制作来说十分重要，制作蛋糕时，应根据配方选择合适的原料准确配用，才能保证蛋糕产品的规格和质量。

以制作一般海绵蛋糕的选料为例：原料主要有鸡蛋、砂糖、面粉及少量油脂等，其中新鲜的鸡蛋是制作海绵蛋糕最重要的条件，因为新鲜的鸡蛋胶体溶液黏稠度高，能打进气体，保持气体性能稳定；存放时间长的鸡蛋不宜用来制作蛋糕。制作蛋糕的面粉常选择低筋面粉，其粉质要细，面筋要软，但又要有足够的筋力来承担烘烤时的胀力，为形成蛋糕特有的组织起到骨架作用。如只有高筋面粉，可先进行处理，取部分面粉上笼蒸熟，取出晾凉，再过筛，保持面粉没有疙瘩时才能使用，或者在面粉中加入少许玉米淀粉拌匀以降低面团的筋性。制作蛋糕的糖常选择蔗糖，以颗粒细密、颜色洁白者为佳，如绵白糖或糖粉。糖颗粒大，往往在搅拌时间短时不容易溶化，易导致制作完成的蛋糕质量下降。

2. 搅拌打蛋

搅拌打蛋是蛋糕制作的关键工序，是将鸡蛋液、糖、油脂等按照一定的次序，放入搅拌机中搅拌均匀，通过高速搅拌使糖融入蛋液中并使鸡蛋液或油脂充入空气，形成大量的气泡，以达到膨胀的目的。蛋糕成品的好坏与打蛋时间、蛋液温度、蛋液质量、搅拌打蛋方法等相互关联。

制作过程中，机器操作应注意：凡属于搅打的操作宜用中速；凡属于原料混合的操作宜用慢速；需随时将黏附在桶边、桶底和搅拌头上的糊料刮下，再让其参与搅拌，使整个糊料体系均匀。

3. 拌面粉

拌面粉是搅拌打蛋后的一道工序。制作时先将面粉过筛，然后均匀拌入蛋浆或油浆中，拌至见不到生面粉为止，防止面粉“上筋”。也可根据配方，加入部分熟面粉或玉米淀粉，减少面筋的拉力，使蛋糕制品膨松。

4. 灌模成型

蛋糕原料经调、搅均匀后，一般应立即灌模进入烤炉烘烤。蛋糕的形状是由模具的形状来决定的。为了使烘烤的蛋糕很容易地从模具中取出，避免蛋糕黏附在烤盘或模具上，在装模前必须使模具保持清洁，还要在模具四周及底部铺上一层干净的油纸，在油纸上均匀地涂上一层油脂。如能在油脂上撒一层面粉则效果更佳。

装模面糊量依据打发的膨松度和蛋糖面粉比例的不同而异，一般以填充模具的七八成满为宜。在实际操作中，如烤好的蛋糕刚好充满烤盘，不溢出边缘，顶部不凸出，这时装模面糊容量就恰到好处。如装的量太多，烘烤后的蛋糕膨胀溢出，影响制品美观，造成浪费。相反，装的量太少，则在烘烤过程中由于水分过多地挥发而降低蛋糕的松软性。

5. 烘烤

正确设定蛋糕烘烤的温度和时间。烘烤的温度对所烤蛋糕质量影响很大。烘制温度太低，烤出的蛋糕顶部会下陷，内部较粗糙；烤制温度太高，则蛋糕顶部隆起，中央部分容易裂开，四边向里收缩，糕体较硬。烤制温度通常以180℃ ~ 220℃为佳。烘烤时间对所烤蛋糕质量影响也很大。正常情况下，烤制时间为 30 分钟。如烘烤时间短，则内部发黏，不熟；烘烤时间长，则易干燥，四周硬脆。烘烤时间应依据制品的大小和厚薄来确定，同时可依据配方中的糖含量灵活进行调节。配方中含糖高，温度稍低，时间长；配方中含糖量低，温度则稍高，时间短。

制作蛋糕时，可先将水烧开后再放上蒸笼，大火加热蒸 2 分钟后，在蛋糕表面结皮之前，用手轻拍笼边或稍振动蒸笼以破坏蛋糕表面气泡，避免表面形成麻点；待表面结皮后，火力稍降，并在锅内加少量冷水，再蒸几分钟使糕坯定形后加大炉火，直至蛋糕蒸熟。出笼后，撕下白细布，表面涂上麻油以防粘皮。

6. 冷却脱模

出炉前，应鉴别蛋糕成熟与否，可根据蛋糕表面的颜色判断生熟度。待设定的首次烘烤时间结束时，可用手在蛋糕上轻轻一按，松手后可复原，表示已烤熟，不能复原，则表示还没有烤熟。还有一种更直接的办法，是用一根细的竹签插入蛋糕中心，然后拔出，若竹签上很光滑，没有蛋糊，表示蛋糕已熟透；若竹签上粘有蛋糊，则表示蛋糕还没熟。如没有熟透，需继续烘烤，直到烤熟为止。

如果蛋糕已经熟透，则可以从炉中取出，再从模具中取出，将蛋糕立即翻过来，放在蛋糕架上，使正面朝下，待冷透，然后包装。蛋糕冷却有两种方法，一种是自然冷却，冷却时应减少制品搬动，制品与制品之间应保持一定的距离，制品不宜叠放。另一种是风冷，吹风时不应直接吹，防止制品表面结皮。

7. 裱花装饰

在蛋糕冷却之后，可根据需要，选用适当的装饰料对蛋糕制品进行美化加工，可在蛋糕制品上裱注不同花纹和图案。所需要的装饰料和馅料应提前准备好。

8. 包装储存

为了保持制品的新鲜度，可将蛋糕放在 2℃ ~ 10℃的冰箱里冷藏。需要出品时可以采用制作精制的纸盒或塑料盒等来包装。

蛋糕的烘烤

蛋糕的烘烤是指将蛋糕面糊浇注进烤模送入烤炉后，烤室中热的作用改变了蛋糕面糊的理化性质，使原来可流动的黏稠状乳化液转变成具有固定组织结构的固相凝胶体，蛋糕内部组织形成多孔洞的瓤状结构，使蛋糕松软而有一定弹性；而面糊外表皮层在烘烤高温下，糖类发生棕黄色和焦糖化反应，颜色逐渐加深，形成悦目的黄褐色泽，散发出蛋糕特有的香味。烘烤是利用烤炉向生料加热而改变成色、香、味、俱佳的产品，进行烘烤时首先要了解：

1. 烘烤准备：所谓准备，就是要做以下的决定：哪个流程最适合？哪种烤炉最适合需要烘烤的产品？哪个是预热要求的温度？

2. 烘烤方法：一般配方都有说明，其决定因素在于影响温度及时间的产品种类，影响烘烤的手法，了解每个步骤及修正手法，最后选择用最好的方法及最短的时间。

3. 烘烤温度：因产品种类的不同导致着色温度及所需热量的不同，产品重量导致的热传导时间及热容量的不同，面糊比重导致的液体气化及挥发速度的不同及用最短的烘烤时间保证质量。烘烤温度是制作蛋糕的关键。烘烤前必须让烤箱预热。此外，蛋糕坯的厚薄大小，也会对烘烤温度和时间有要求。蛋糕坯厚且大者，烘烤温度应当相应降低，时间相应延长；蛋糕坯薄且小者，烘烤温度则需相应升高，时间相对缩短。一般来说，厚坯的炉温为上火 180℃、下火 150℃；薄坯的炉温应为上火 200℃、下火 170℃，烘烤时间以 35 ～ 45 分钟为宜。

烘烤设备的性能、操作时的烘烤温度、时间和烤室中湿度等因素都配合得当，才能烤出品质优良的蛋糕制品。所以，了解蛋糕的烘烤原理及烘烤过程是十分重要的。

烘烤完成后，判断蛋糕成熟与否可用手指去轻按表面测试，若表面留有指痕或感觉里面仍柔软浮动，那就是未熟；若感觉有弹性则是熟了。蛋糕出炉后，应立即从烤盘内取出，否则会引起收缩。

蛋糕烘烤的五个关键词

1. 打发

打发，是烘烤里出现频率最高的动作之一，一般用电动打蛋器完成，打发的对象通常为全蛋、鸡蛋黄、鸡蛋白或者软化的黄油。通过打发，使鸡蛋等材料搅入空气，变得膨松，体积增大，从而在烘烤里产生膨松的效果。当我们只做海绵蛋糕的时候，即使不添加发粉等膨松剂，蛋糕仍能膨松柔软，这就是“打发”的功劳。所打发的材料不同，打发后的状态也不同。

鸡蛋清打发后会呈现浓厚的白色奶油状。当提起打蛋器，鸡蛋清能拉出一个弯弯的尖角，此时的状态称为湿性发泡。继续打发鸡蛋清，当提起打蛋器，鸡蛋清能拉出一个直立的尖角，则称为干性发泡。当鸡蛋清达到干性发泡后，请不要继续打发，否则鸡蛋清会打发过度，呈块状或棉絮状，导致蛋糕的制作失败。

全蛋的打发比单独打发鸡蛋清要困难，时间也更长。全蛋在 40℃左右最易打发，因此常将打蛋盆放置在热水里打发全蛋。全蛋打发后变得稠密轻盈，当提起打蛋器，滴落下来的蛋糊不会马上消失，可以在盆里的蛋糊表面画出清晰的纹路时，就说明打发好了。

黄油打发后会呈现轻盈的羽毛状。相比鸡蛋的打发，黄油的打发并没有一个界定的标准，我们可以直接观察，打发后的黄油颜色明显变浅，体积明显变大。很多情况下，黄油打发的时候会加入鸡蛋，若鸡蛋量较多，请将鸡蛋在打发过程中多次少量加入，防止发生油蛋分离的现象。另外要注意的是，黄油需要在软化的状态下打发。低温较硬的黄油，或者高温熔化成液态的黄油，都不能用来打发。

2. 翻拌

正确的翻拌是做出成功蛋糕的前提。当步骤说明里提到“翻拌”一词的时候，我们需要注意，这是一种从底部往上拌匀面糊的方式。将面糊快速地从底部翻起，从而达到混合均匀的目的。

在制作戚风蛋糕和海绵蛋糕需混合面糊的时候，这种手法尤为重要，它能避免打发好的鸡蛋消泡。注意翻拌的时候千万不要画圈搅拌。

混合面糊最得力的工具是刮刀。软质的刮刀能贴合搅拌碗的形状，将碗壁的面糊也刮得干干净净。

3. 预热

很少有烤箱不经过预热就烘烤食物的。预热，是烘烤前的重要一步。预热的方法：将烤箱提前跳到指定温度，空烧一会儿，使烤箱的内部温度达到需要的温度。比如烤蛋糕，配方要求温度为190℃，在把蛋糕放进烤箱之前，就要先将烤箱接通电源，调到190℃，让烤箱空烧一会儿，当烤箱内部达到190℃以后再放入蛋糕进行烘烤。

预热的时间：若烤箱有加热指示灯，当加热指示灯熄灭，就表示预热完成。若没有加热指示灯，可以观察加热管的状况，当加热管由红色转为黑色的时候，就表示预热好了。根据温度、烤箱大小不同，预热的时间也不一样，理论上说，功率越大，体积越小的烤箱预热越快。一般预热需要5 ~ 10分钟。

4. 称量

不要用目测的方式来取用原材料。每一款蛋糕的配方都会给出原材料的具体分量，准确地称量原料，才能从起始阶段避免制作蛋糕的失败。一台小巧的厨房秤是称量最好的帮手。1克为最小单位的电子秤使用起来最方便快捷，当然，机械秤也是可以使用的。

称量小分量的原材料，常用到量勺。量勺一套一般为4个，分别称为1大勺（15毫升）、1小勺（5毫升）、1/2小勺（2.5毫升）、1/4小勺（1.25毫升）。用量勺称量的时候，如果是液体，直接盛满1平勺即可。如果是粉类，先挖一勺，再用手指或刮粉刀将冒尖的粉类刮平。

5. 过筛

面粉、可可粉等粉类在储存过程中难免会结块，因而使用之前通常需要过筛。粉类过筛之后，不仅更膨松细腻，原先的结块问题也得到了完美的解决。筛出的面粉块，用手指或勺子背在筛网里轻轻碾压，即可通过筛网，重新成为细腻的粉末。

如果配方里有多种粉类（如面粉、可可粉、发粉），将这些粉类先混合在一起，再过筛。杏仁粉等颗粒比较粗大的粉类，用普通粉筛无法过筛，需选择网孔较大的筛网。

最后，当我们想在蛋糕表面筛一层糖粉或可可粉作为装饰的时候，可以借助平时家用泡茶的滤网，将粉类筛在蛋糕上。小巧的滤网，能更准确地控制位置与分量。

蛋糕制作注意事项

1. 在制作蛋糕时，面粉的质量直接影响了制品的质量。制作蛋糕的面粉一般应选用低筋面粉，因为低筋面粉无筋力，制成的蛋糕特别松软，体积膨大，表面平整。如一时缺低筋面粉，可用中筋面粉或高筋面粉加适量玉米淀粉配制而成。

2. 蛋糕的另一主要原料是鸡蛋，鸡蛋的膨松主要依赖蛋清中的胚乳蛋白，而胚乳蛋白只有在受到高速搅打时，才能大量的包裹空气，形成气泡，使蛋糕的体积增大膨松，故在搅打蛋清时，宜使用高速打发而不宜使用低速打发。

3. 制作蛋糕胚的糖浆，由 1000 克砂糖加 500 克水，煮沸，冷透后即成。鸡蛋和砂糖搅打时，宜选用高速打发，此乃胚乳蛋白特性所需。

4. 在烘烤蛋糕之前，烤箱必须进行预热，否则烤出的蛋糕松软度及弹性将受到影响。搅打蛋糕的器具必须洁净，尤其不能碰油脂类物品，否则蛋糕会打不松发，影响其质量及口感。

5. 传统制作蛋糕的方法，往往在有底的模具内壁涂油，这样做出来的蛋糕的边上往往有颜色且底层色较深，现可用蛋糕圈制作蛋糕，只需在圈底垫上一张白纸替代涂油，做出来的蛋糕边上无色且底层色较浅淡，可以节约成本包括节约表皮及底层的蛋糕。蛋糕烤熟，冷透后，一直到使用时，才脱去蛋糕圈，揭去底部的纸，以保证蛋糕不被风干而影响质量。

6. 蛋糕的烘烤温度取决于蛋糕内混合物的多少，混合物愈多，温度愈低；反之混合物愈少，温度要相应提高。

7. 蛋糕烘焙的时间取决于温度及蛋糕包含的混合物的多少，以及使用哪一种搅打法等等。一般来说，时间越长，温度就越低；反之时间越短，温度则越高。大蛋糕温度低，时间长；小蛋糕则温度高，而时间短。

8. 蛋糕要趁热覆在蛋糕板上，这样可以使蛋糕所含的水分不会过多地挥发，保持蛋糕的湿度。另外，蛋糕热的时候，外形还没有完全固定，此时翻过来可以靠蛋糕本身的重量使蛋糕的表面更趋平整。

9. 制作海绵蛋糕选用低筋面粉，制作油脂蛋糕则多选用中筋面粉，这是因为油脂蛋糕本身结构比海绵蛋糕松散，选用中筋面粉，使蛋糕的结构得到进一步加强，从而变得更加紧密而不松散。

制作蛋糕常见问题及解决方法

1. 在夏天或冬天都会出现蛋糕面糊搅打不起的现象。原因：

因为鸡蛋清在 17℃～22℃的情况下，其胶黏性维持在最佳状态，起泡性能最好，温度太高或太低均不利于蛋清的起泡。温度过高，蛋清变得稀薄，胶黏性减弱，无法保留打入的空气；如果温度过低，蛋清的胶黏性过浓，在搅拌时不易拌入空气。所以会出现浆料搅打不起。

解决办法：夏天可先将鸡蛋放入冰箱冷藏至合适温度，而冬天则要在搅拌面糊时在缸底加温水升温，以便达到合适的温度。

2. 有时蛋糕在烘烤的过程中出现下陷和底部结块现象。原因：

（1）冬天相对容易出现，因为气温低，部分材料不易溶解。

（2）配方不平衡，面粉比例少，形成的蛋糕组织太柔软而不能支撑蛋糕自身的质量，使蛋糕顶面中部向下凹陷；也可能是水分太少，总水量不足，蛋糕中需要保持充足的水分含量，才可使蛋糕组织柔软、润湿而不结块。

（3）鸡蛋不新鲜，或搅拌过度，充入空气太多。

（4）面糊中柔性材料太多，如糖和油的用量太多。

（5）面粉筋度太低，或烤时炉温太低。

（6）蛋糕在烘烤中尚未定型时，因受震动而下陷。

解决办法：①尽量使室温和材料温度达到合适度；②配方要平衡和掌握好；③鸡蛋保持新鲜，搅拌时注意别打过度；④不要用太低筋的面粉，特别是掺淀粉的时候注意；⑤蛋糕在进炉后的前 12 分钟不要开炉门，以免使其受到震动。

3. 蛋糕膨胀体积不够。原因：

（1）鸡蛋不新鲜，或配方不平衡，柔性材料太多。

（2）搅拌时间不足，浆料未打起，面糊比重太大。

（3）加油的时候搅拌太久，使面糊内空气损失太多。

（4）面粉筋度过高，或慢速拌粉时间太长。

（5）搅拌过度，面糊稳定性和保气性下降。

（6）面糊装盘数量太少，未按规定比例装盘。

（7）进炉时炉温太高，上火过大，使表面定型太早。

解决办法：①尽量使用新鲜鸡蛋，注意配方平衡；②搅拌要充分，使面糊达到起发标准；③注意加油时不要一下倒入，拌匀为止；④如面粉筋度太高可适当加入淀粉搭配；⑤打发为止，不要长时间的搅拌；⑥装盘分量不可太少，要按标准；⑦进炉炉温要避免太高。

4. 蛋糕表面出现斑点。原因：

（1）搅拌不当，部分原料未能完全搅拌溶解均匀。

（2）发粉未拌匀，或糖的颗粒太大。

（3）面糊内总水分不足。

解决办法：①快速搅拌之前一定要将糖等材料完全拌匀溶解；②发粉一定要与面粉一起过筛，糖尽量不要用太粗的；③注意加水量要合适。

5.海绵蛋糕表皮太厚。原因：

（1）配方不平衡，糖的使用量太多。

（2）进炉时上火过高，表皮过早定型。

（3）炉温太低，烤的时间太长。

解决办法：①配方中糖的使用量要适当；②注意炉温，避免进炉时上火太高；③炉温不要太低，避免烤制时间太长。

6.蛋糕内部组织粗糙，质地不均匀。原因：

（1）搅拌不当，有部分原料未拌匀溶解，发粉与面粉未拌匀。

（2）配方内柔性材料太多，水分不足，面糊太干。

（3）炉温太低，糖的颗粒太粗。

解决办法：①注意搅拌程序和规则，原料要充分拌匀；②配方中的糖和油不要太多，注意面糊的稀稠度；③糖要充分溶解，烤时炉温不要太低。

7.海绵蛋糕出烤箱后塌陷。

解决办法：用直接法搅拌出现这些问题时，主要是水分太少、面糊过稠引起的，多加水或多加油可以解决这一问题。也有可能是搅拌过度造成的。

8.蛋糕在烤制过程中缩减。

解决办法：①蛋糕在烘烤过程中尽量不要移动，以免受到震动而塌陷；②检验配方，糖的用量是否超出蛋的用量；③最好用新鲜的奶和蛋；④检验总水量是否平衡；⑤尽可能不要利用漂白过度的面粉；⑥用适当的炉温烘烤；⑦最好不要使用膨松剂；⑧打蛋时不要搅拌过度。

9.蛋糕组织不细腻，有不规则的大孔洞。原因：

（1）面粉的筋度太高，或者面粉质量不好。

（2）配方中蛋黄、牛奶、水、色拉油等柔性材料不足。

（3）蛋清搅拌过度。

（4）烘烤温度过低。

解决方法：①应该换用一些质量比较好的蛋糕粉；②应加大蛋糕中的柔性材料的用量；③应控制好蛋清的打发程度，海绵蛋糕内部组织粗糙，主要和搅拌有关，应该在高速搅拌后用慢速排气；④提高烘烤温度。

10.蛋糕烤出来放凉后表面湿黏。原因：

（1）蛋白霜打过头变成棉花状或者蛋白霜消泡了。

（2）烘烤时的温度不够高。

（3）蛋糕还没有完全烤透。

（4）倒扣蛋糕的时候，距离桌面太近，使得水汽回流，造成蛋糕表面湿黏。

解决方法：①正确打发蛋清，搅拌好的蛋糕面糊如果稀稀水水的，就表示蛋白霜打过头或蛋白霜消泡了，完成的面糊应该是非常有体积感不流动的状态；②起始温度可以增加10℃，等到蛋糕表面上色之后，就可以将温度调整回原来温度；③调节好温度或者延长烘烤时间；④倒扣蛋糕时掌握好与桌面的距离。

第二章

海绵蛋糕

海绵蛋糕小课堂

海绵蛋糕是直接将全蛋加入搅拌起发的一类蛋糕，将面粉、砂糖和全蛋一齐加入起发而成。这种搅拌方式所搅拌出来的面糊稳定性较差，起发效率不高，原因是全蛋里的蛋黄含有一定的脂肪，在搅拌的过程中脂肪会弱化泡沫的形成效果，从而使搅拌出来的蛋糊始终处于一种较柔软的状态，加入面粉搅拌后，泡沫很快就会破裂消失。为了解决这一问题，面糊在搅拌过程中需加入一种乳化剂，就是我们通常所说的蛋糕油。

蛋糕油在搅拌时所起的作用是增大蛋液和气体的接触界面，使蛋液胶质膜强度增大，有利于加快起发速度和有助于增强泡沫的稳定性，使拌打的面糊达到一个较好的稳定状态，使其内部组织气孔细密均匀。

制作原理

在蛋糕制作过程中，鸡蛋清通过高速搅拌使其中的球蛋白降低了表面张力，增加了鸡蛋清的黏度，因黏度大的成分有助于泡沫初期的形成，使之快速地打入空气，形成泡沫。鸡蛋清中的球蛋白和其他蛋白，受搅拌的机械作用，产生了轻度变性。变性的蛋白质分子可以凝结成一层皮，形成十分牢固的薄膜将混入的空气包围起来，同时，由于表面张力的作用，使得鸡蛋清泡沫收缩变成球形，加上鸡蛋清胶体具有黏度和加入的面粉原料附着在鸡蛋清泡沫周围，使泡沫变得很稳定，能保持住混入的气体，加热的过程中，泡沫内的气体又受热膨胀，使制品疏松多孔并具有一定的弹性和韧性。

用料配方

制作海绵蛋糕的用料有鸡蛋、糖、面粉及少量油脂等。海绵蛋糕在制作过程中，一般有两种做法，因而配方也各有不同。海绵蛋糕传统的配方一般有两种：一种是鸡蛋与糖、面粉的比例为 1:1:1，另一种是鸡蛋与糖、面粉的比例为2:1:1。与天使蛋糕相比，海绵蛋糕不仅使用鸡蛋清，同时也使用了鸡蛋黄，如果制作方法得当，其成品品质与天使蛋糕无异。

制作海绵蛋糕时，由于是直接把面粉投入蛋液中搅拌，所以面糊需要的水分相对较少，更体现出蛋糕本身的原有风味，蛋香风味亦较浓厚，保存期也比较长。

香妃蛋糕

原料：

蛋糕体：低筋面粉 300 克，玉米淀粉 50 克，水 200 毫升，色拉油 180 毫升，砂糖 360 克，鸡蛋黄 250 克，鸡蛋清 300 克，塔塔粉 6 克，盐 3 克，奶香粉 3 克，发粉 4 克，红蜜豆适量

香妃皮：低筋面粉 60 克，砂糖 80 克，水 150 毫升，玉米淀粉 15 克，塔塔粉 2 克，椰蓉、果酱各适量

制作方法

1. 制作蛋糕体：将色拉油、水、60 克砂糖混合搅拌至砂糖融化，然后加入低筋面粉、玉米淀粉、奶香粉、发粉搅拌至无粉粒状。

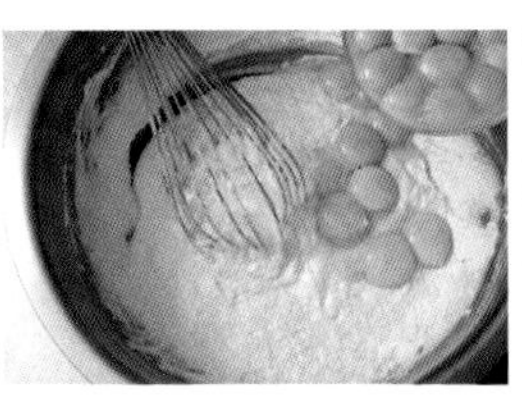

2. 继续加入鸡蛋黄拌至均匀纯滑。

3. 将拌好的面糊倒在干净的不锈钢盆中，加入适量红蜜豆拌匀备用。

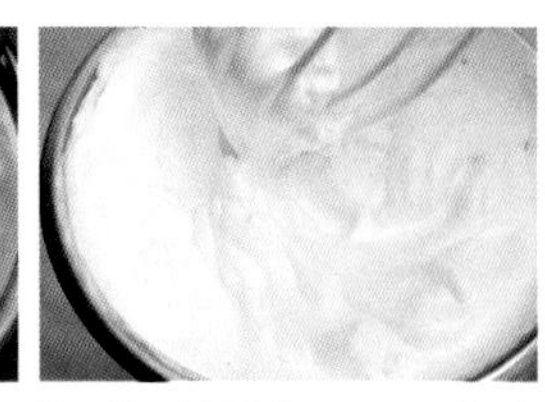

4. 将鸡蛋清、300 克砂糖、盐和塔塔粉混合，先慢后快搅拌，搅拌打成硬性泡沫状蛋白霜。

5. 分三次与面糊混合，并拌至均匀。

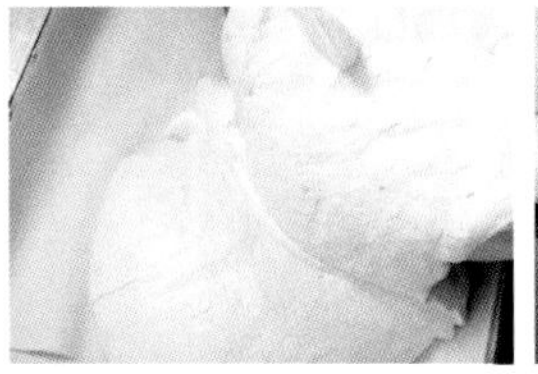

6. 将拌好的面糊倒入已垫纸的烤盘中抹平，入炉以上火 180℃、下火 140℃烘烤。

7. 烤熟后出炉，待冷却后即可使用。

8. 制作香妃皮：将砂糖、塔塔粉、水混合，先慢后快搅拌，拌打成鸡尾状蛋白霜。

9. 再加入低筋面粉和玉米淀粉，迅速拌至完全均匀。

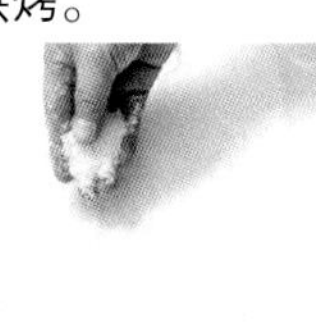

10. 将拌好的面糊倒入已垫纸的烤盘中抹平，撒上椰蓉，入炉以上火 170℃、下火 130℃烘烤。

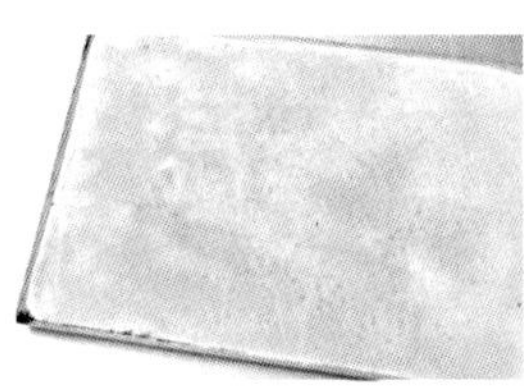

11. 烤至浅金黄色后出炉冷却。

12. 将先备好的蛋糕体切成三小块。

13. 将冷却好的香妃皮分切成相同分量的三块，在背面抹上果酱。

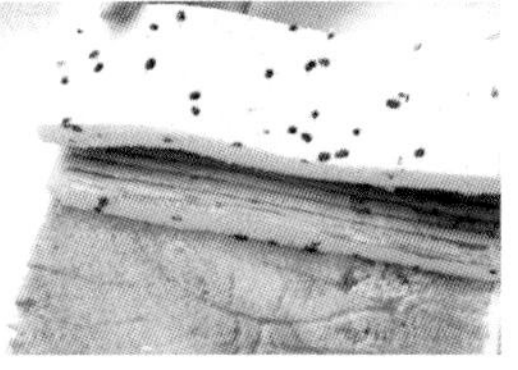

14. 然后铺上分切好的蛋糕体，在表面抹上果酱，再铺一块蛋糕体以达到一定厚度。

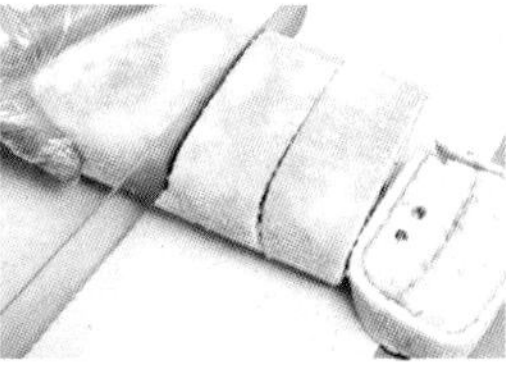

15. 用香妃皮将蛋糕包裹成方形长条，静置成形后分切成小件即可。

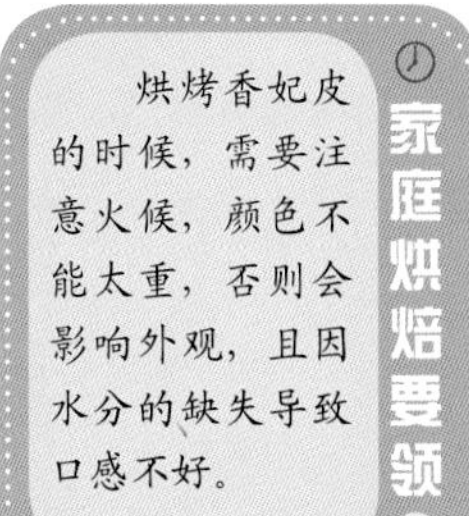

家庭烘焙要领

烘烤香妃皮的时候，需要注意火候，颜色不能太重，否则会影响外观，且因水分的缺失导致口感不好。

竹叶卷

原料：

鸡蛋500克，砂糖225克，盐2克，低筋面粉175克，高筋面粉75克，蛋糕油25克，牛奶40毫升，色拉油150毫升，水35毫升，香橙果泥适量

制作方法

1. 将鸡蛋打散倒入搅拌桶中，加入砂糖、盐，放入电动搅拌机中，快速将鸡蛋和砂糖、盐打至溶化。
2. 在筛网下放一张蛋糕纸，将高筋面粉倒入筛网内，再放入低筋面粉，一起过筛。
3. 在筛好的粉上放入蛋糕油，然后倒入搅拌桶中，以慢速搅拌均匀；继续加入水，然后以慢速搅打起发，至体积膨胀为原来的两倍；转成快速，缓缓加入牛奶，拌匀牛奶后，再缓缓倒入色拉油，拌匀后取出。
4. 在烤盘内放入蛋糕纸，然后倒入打好的面糊。
5. 取适量鸡蛋黄，填入裱花袋内，在面糊上挤斜线，然后用竹签在相反方向划下划痕。
6. 将蛋糕放入烤炉，以上火200℃、下火160℃烘烤30分钟。
7. 将烘烤好的蛋糕取出，待凉后切成四等份。
8. 将蛋糕反转过来，从中间剖开，抹上香橙果泥。
9. 在蛋糕纸下放一根圆棍，卷起蛋糕向前堆去，卷成蛋糕卷，切件即可。

家庭烘焙要领

用竹签在面糊上划痕的时候可深一些，以免烘烤之后线条变得模糊，致使条纹不明显显示不出竹叶形，也可依据个人的喜好在蛋糕的表面划上自己喜欢的图案。

黄金蛋糕

原料：

低筋面粉 200 克，鸡蛋 300 克，砂糖 150 克，黄油 50 克

制作方法

1. 将低筋面粉过筛，将黄油加热融化，将鸡蛋提前从冰箱里拿出回温，打入盆里，再将砂糖一次性倒入盆中。
2. 取一个锅，加入热水，把打蛋器放在热水里加热，并用打蛋器将鸡蛋打发至提起打蛋器时，滴落下来的蛋糊不会马上消失，可以在盆里的蛋糊表面画出清晰的纹路。
3. 分 3 ~ 4 次往打发好的蛋糊中倒入低筋面粉，用橡皮刮刀从底部往上翻拌，使蛋糊和面粉混合均匀，不要打圈搅拌，以免鸡蛋消泡。
4. 在搅拌好的蛋糊里倒入熔化了的黄油，继续翻拌均匀。
5. 在烤盘里铺上油纸，把拌好的蛋糕糊全部倒入烤盘，把蛋糕糊抹平，端起来在桌上用力震几下，把蛋糕糊内部的大气泡震出来，让蛋糕糊表面变得平整。
6. 把烤盘放入预热好 180℃的烤箱里，烘烤 15 ~ 20 分钟。
7. 将烤熟后的蛋糕取出，脱模即可。

家庭烘焙要领

步骤 4 往蛋糊中倒入黄油的时候，需要耐心并且小心地翻拌数次，才能让黄油完全和蛋糊混合均匀，不可操之过急，且不能画圈搅拌。

椰香蛋卷

原料

蛋糕体：鸡蛋 525 克，砂糖 200 克，盐 2 克，低筋面粉 175 克，高筋面粉 65 克，牛奶香粉 3 克，蛋糕油 25 克，牛奶 40 毫升，色拉油 175 毫升，水 33 毫升，香橙果酱、透明果膏各适量

椰蓉馅：椰蓉 150 克，砂糖 100 克，鸡蛋 150 克，香橙果酱 200 克，吉士粉 100 克

制作方法

1. 制作蛋糕体：将鸡蛋打散倒入搅拌桶中，倒入砂糖、盐，放入电动搅拌机中，以快速打至糖、盐溶化。
2. 在筛网下放入一张纸，倒入低筋面粉，再加入高筋面粉，倒入牛奶香粉，一起过筛。继续倒入蛋糕油，然后倒入打好的蛋液中，用电动搅拌机快速打匀，在打的过程中加入水。
3. 将步骤 2 中的液体打发至原体积的 2 倍后，换成慢速，加入牛奶拌均匀，然后缓缓加入色拉油，搅拌均匀后取出。
4. 在烤盘内放入一张白纸，倒入打好的面糊。
5. 将烤盘放入烤炉内，以上火 200℃、下火 150℃烘烤 30 分钟。
6. 将烤好的蛋糕取出后放凉，然后抹上一层香橙果酱。
7. 在蛋糕纸下放一根圆棍，卷起蛋糕向前堆去，卷成蛋糕卷，放在一边放凉。
8. 制作椰蓉馅：将椰蓉倒入搅拌桶中，加入砂糖、吉士粉、鸡蛋、香橙果酱，放入电动搅拌机中以快速搅匀即成馅。
9. 将搅打好的馅抹入蛋糕卷上，再刷上一层鸡蛋黄液，用竹签在蛋糕上划出斜纹。
10. 将蛋糕放入烘烤箱以上火 230℃、下火 0℃烘烤 15 分钟左右。
11. 将蛋糕取出，挤入透明果膏，用刷子刷匀果膏，切件即可。

家庭烘焙要领

蛋糕卷起来不断裂的前提是蛋糕有足够的柔软度，因此烘烤蛋糕的时候要注意火候，不能让蛋糕烤太长时间，以免水分过度流失，蛋糕变干，就不容易卷起来。

雪方蛋糕

原料：

鸡蛋 350 克，砂糖 170 克，盐 3 克，低筋面粉 240 克，玉米淀粉 35 克，发粉 2 克，奶香粉 2 克，蛋糕油 16 克，水 70 毫升，色拉油 100 毫升，柠檬果酱适量

制作方法

1. 将鸡蛋打散，与砂糖、盐混合，并搅拌均匀，直至砂糖溶化。
2. 在筛网下放入一张纸，倒入低筋面粉、玉米淀粉、发粉和奶香粉，一起过筛，然后将过筛后的粉混合并搅拌均匀至无颗粒状。
3. 继续加入蛋糕油，加入时以先慢后快的速度搅拌，搅拌至体积增至为原来的 3.5 倍。
4. 加入水、色拉油，边加入边搅拌，直至所有材料完全混合均匀。
5. 将拌好后的面糊装入裱花袋中，用裱花袋挤入模具内至八分满，将面糊的表面抹平。
6. 往烤盘内加入适量的水，将烤盘入炉，以上火 200℃、下火 120℃烘烤。
7. 将烤熟后的蛋糕取出炉，待蛋糕冷却后脱模即可。

家庭烘焙要领

烤盘中加入适量的水可防止烤箱的底温过高，使烤出来的蛋糕表面圆滑，不至于出现裂口，且雪方蛋糕在烘烤的过程中容易出现凹塌的现象，故烘烤的时候需要注意火候。

椰蓉蛋糕

原料

蛋糕体：鸡蛋700克，鸡蛋黄125克，砂糖375克，低筋面粉325克，高筋面粉100克，吉士粉25克，蛋糕油35克，水75毫升，鲜奶50毫升，色拉油175毫升，奶香粉2克，发粉2克，蜂蜜40毫升，果酱适量

椰子馅：奶油25克，砂糖35克，鸡蛋25克，椰蓉35克，椰子香粉适量

制作方法

1. 制作蛋糕体：将鸡蛋、鸡蛋黄、砂糖、蜂蜜混合搅拌至砂糖溶化，加入低筋面粉、高筋面粉、吉士粉、奶香粉、发粉，先慢后快搅打，搅拌至体积增至为原来的3.5倍。
2. 转中速后慢慢加入蛋糕油、水、鲜奶、色拉油，搅拌至完全均匀。
3. 将搅拌好的面糊倒入已垫纸的烤盘内，抹平，入炉以上火180℃、下火130℃烘烤。
4. 将烤好的蛋糕取出，将蛋糕倒扣过来后移开烤盘，放置一边冷却备用。
5. 制作椰子馅：将奶油、砂糖、鸡蛋混合拌至均匀，加入椰蓉后继续搅拌均匀，再加入椰子香粉，拌至完全均匀即成椰子馅。
6. 在预先备好的蛋糕体表面抹上果酱，卷起成卷状静置成型。
7. 在定型的卷状蛋糕上刷上鸡蛋清液，抹上椰子馅，表面再刷上鸡蛋黄液，待稍干后用竹签画出菠萝格纹。
8. 入炉以上火170℃、下火130℃烘烤，烤至金黄色熟透后出炉，冷却后分切成小件即可。

家庭烘焙要领

在蛋糕表面上涂抹果酱的量不宜过多，以免蛋糕裂开，影响外形的美观度，且在蛋糕表面刷上蛋清液和蛋黄液的时候要刷均匀，这样烤出来的蛋糕色泽也会匀称。

吐司蛋糕

原料：

鸡蛋 300 克，鸡蛋黄 550 克，砂糖 350 克，塔塔粉 7 克，低筋面粉 300 克，栗粉 75 克，蛋糕油 50 克，牛奶 70 毫升，大豆油 80 毫升，黄油适量

制作方法

1. 用刷子蘸上黄油，在模具内刷油。
2. 在模具内倒入一些低筋面粉，抖动模具，使低筋面粉均匀粘在模具内。
3. 取一个搅拌桶，倒入鸡蛋黄，再倒入打散的鸡蛋，继续加入砂糖。
4. 将搅拌桶放入电动搅拌机内，以快速打至砂糖溶化。
5. 在筛网下放一张纸，倒入低筋面粉，加入栗粉、塔塔粉，一起过筛。
6. 将过筛后的粉倒入搅拌桶中，以慢速搅匀。
7. 往搅拌桶中加入蛋糕油，以快速打至面糊体积膨胀至 1.5 倍起发，转成慢速，慢慢倒入牛奶，然后慢慢分次倒入大豆油，待搅打至均匀后取出搅拌桶，再充分搅匀。
8. 将搅好的面糊倒入模具内，放入烤箱以上火 180℃、下火 170℃烘烤 45 分钟。
9. 将烘烤好的蛋糕取出放凉，切片即可。

家庭烘焙要领

鸡蛋打散后，有空气进入，为了避免没有打散的砂糖包住蛋黄，导致蛋黄变成颗粒状，以致影响到蛋糕的绵密组织，使口感不细腻，所以一定要不断搅拌直到颗粒全部溶化为止。

起酥蛋糕

原料

蛋糕体：鸡蛋350克，鸡蛋黄50克，砂糖150克，低筋面粉150克，高筋面粉50克，吉士粉12克，蛋糕油15克，水35毫升，鲜奶25毫升，色拉油85毫升，奶香粉1克，发粉1克，蜂蜜20毫升

起酥皮：低筋面粉200克，细砂糖8克，鸡蛋25克，奶油20克，水80毫升，片状起酥油110克

制作方法

1. 制作蛋糕体：将鸡蛋、鸡蛋黄、砂糖、蜂蜜混合搅拌至砂糖溶化，加入低筋面粉、高筋面粉、吉士粉、奶香粉、发粉后先慢后快搅打，搅拌至体积增至为原来的3.5倍。
2. 转中速后慢慢加入蛋糕油、水、鲜奶、色拉油，搅拌至完全均匀。
3. 将搅拌好的面糊倒入已垫纸的烤盘内，抹平，入炉以上火180℃、下火130℃烘烤。
4. 将蛋糕取出，倒扣过来后将烤盘取开，放置一边冷却备用。
5. 制作起酥皮：将低筋面粉、细砂糖、鸡蛋、奶油混合，将水分次加入搅拌，搅拌至面糊纯滑透彻，用保鲜膜将面糊包裹，松弛30分钟。
6. 将面团擀薄，将片状起酥油包入面团中，收好四周接口，再擀薄成长方形，两头向中间折起成四折。
7. 用保鲜膜包好，松弛2个小时候继续擀薄，折起，如此反复折叠操作3次，最后压薄至约3毫米厚，刷上蛋液。
8. 将蛋糕体包入起酥皮中间，修整齐后刷上纯鸡蛋黄液，然后用竹签扎上一些小孔。
9. 将蛋糕入炉以上火170℃、下火140℃烤至金黄熟透，出炉待冷却后分切成小件即可。

家庭烘焙要领

此蛋糕制作成功的话，吃起来是外酥里软，香脆可口。制作时需注意的是，用起酥皮包入蛋糕体时，要把蛋糕体包严实，以避免蛋糕松散。

红茶蛋糕

原料

鸡蛋 650 克，砂糖 260 克，低筋面粉 280 克，玉米淀粉 50 克，红茶碎 12 克，发粉 2 克，蛋糕油 28 克，水 50 毫升，鲜奶 30 毫升，色拉油 120 毫升，果酱适量

制作方法

1. 将鸡蛋打散，与砂糖混合均匀后搅拌至砂糖溶化。
2. 加入低筋面粉、玉米淀粉、红茶碎、发粉，搅拌至完全无粉粒状。
3. 继续加入蛋糕油，以先慢后快的速度搅拌，搅拌至体积增至为原来的 3.5 倍。
4. 继续加入水、鲜奶、色拉油，边加入边搅拌，直至完全搅拌均匀。
5. 将已经拌好的面糊倒入已垫纸的烤盘内，用刮刀将面糊表面抹平。
6. 将烤盘入炉，以上火 200℃、下火 130℃烘烤。
7. 将烤好的蛋糕取出，待冷却后分切成等份的两小块，分别在两块蛋糕的表面均匀地抹上果酱，然后将蛋糕卷起成卷状，放在一旁静置，待蛋糕成型后分切成小件即可。

家庭烘焙要领

红茶碎可自己研磨，但不能研磨得太粗糙，否则有扎口的感觉。通常海绵蛋糕不需要烘烤太长的时间，否则会导致蛋糕口感发干。

可可卷蛋糕

原料：

鸡蛋 500 克，砂糖 200 克，低筋面粉 100 克，高筋面粉 65 克，蛋糕油 20 克，可可粉 25 克，盐 2 克，牛奶香粉 2 克，色拉油 125 毫升，牛奶 35 毫升，水 35 毫升

制作方法

1. 将鸡蛋打散倒入搅拌桶内，继续加入砂糖和盐。
2. 将搅拌桶放入电动搅拌机内，以快速打至糖溶化。
3. 在筛网下放一张纸，倒入低筋面粉、高筋面粉、牛奶香粉、可可粉，一起过筛。
4. 将过筛后的粉倒入搅拌桶内，以慢速打至混匀。
5. 往搅拌桶中加入蛋糕油、水，以快速打至 2 倍膨胀起发，再分次倒入牛奶，继续分次倒入色拉油。
6. 取出搅拌桶，搅匀。
7. 在烤盘内铺入蛋糕纸，倒入打发好的面糊。
8. 将烤盘放入烤箱，以上火 200℃、下火 150℃烘烤 30 分钟。
9. 将烤好的蛋糕取出，放凉后切成两半。
10. 在下面放一张蛋糕纸，将蛋糕放在纸上，涂上一层巧克力，用铁棍卷起纸，向前堆去，卷成圆卷，放一边放凉。
11. 待蛋糕凉后将纸取出，切件即可。

家庭烘焙要领

如果一次就将全部的面糊和色拉油混合搅拌，会使得打发的面糊消泡，必须先取出一些面糊与色拉油拌匀，让面糊和色拉油的比重较相近，再和剩余的面糊混合拌匀，这样可以确保打发的面糊不消泡。

无水蛋糕

原料

鸡蛋 280 克，砂糖 170 克，蜂蜜 25 毫升，低筋面粉 220 克，奶香粉 2 克，蛋糕油 12 克，色拉油 30 毫升，白芝麻适量

制作方法

1. 将鸡蛋、砂糖、蜂蜜混合搅拌至砂糖溶化。
2. 继续加入低筋面粉、奶香粉，混合均匀并搅拌至无粉粒状。
3. 将蛋糕油加入，并以先慢后快的速度搅拌，拌打至体积增至为原来的 3.5 倍。
4. 转中速再加入色拉油，边加入边搅拌。
5. 继续搅拌至色拉油与面糊完全混合透彻。
6. 将搅拌好的面糊用裱花袋装好，挤入模具内至八分满，用刮刀将面糊抹平。
7. 在面糊的表面撒上适量的白芝麻作装饰。
8. 将模具入炉，以上火 200℃、下火 130℃烘烤，将烤熟的蛋糕取出即可。

这款蛋糕没有加入水，可增强蛋糕口感和蛋糕本色风味。在制作蛋糕时，面粉的质量直接影响了蛋糕的质量，制作此款蛋糕的面粉一般选用低筋面粉，因低筋面粉无筋力，制成的蛋糕特别松软，体积膨大，表面平整。如果家里一时之间缺低筋面粉，可用中筋面粉或高筋面粉加适量玉米淀粉配制而成。

香橙核桃卷

原料：

鸡蛋 500 克，砂糖 200 克，盐 2 克，低筋面粉 250 克，核桃 200 克，高筋面粉 65 克，牛奶香粉 3 克，蛋糕油 25 克，牛奶 40 毫升，色拉油 175 毫升，水 30 毫升，香橙色素、香橙果酱各适量

制作方法

1. 将鸡蛋打散倒入搅拌桶中，倒入砂糖、盐，放入电动搅拌机中，以快速打至砂糖、盐溶化。
2. 在筛网下放入一张纸，倒入低筋面粉，再加入高筋面粉，倒入牛奶香粉，一起过筛。
3. 往过筛后的粉中放入蛋糕油，然后倒入打好的蛋液中，用电动搅拌机快速打匀，在搅打的过程中加入水，打至成原体积的 2 倍后，换成慢速，加入牛奶搅拌均匀。
4. 取 50 克核桃切碎，加入搅拌桶中，以慢速搅匀，缓缓倒入色拉油，搅匀，加入香橙色素拌匀。
5. 在烤盘内放入一张蛋糕纸，撒入剩下的核桃，倒入打好的面糊并将其抹平，倒面糊时需注意不要让面糊把核桃冲散。
6. 将烤盘放入烤炉内，以上火 200℃、下火 150℃烘烤 30 分钟。
7. 将烤好的蛋糕取出后放凉。
8. 将蛋糕有核桃的一面向下放在蛋糕纸上，然后在蛋糕上抹上香橙果酱。
9. 在蛋糕纸下放一根圆棍，卷起蛋糕向前堆去，卷成蛋糕卷，放在一边放凉，切件即可。

家庭烘焙要领

面糊做好后，必须有一定的稠度，并且尽量不要有大气泡。如果拌好的面糊不断地产生很多大气泡，则说明鸡蛋的打发不到位，或者搅拌的时候消泡了，需要尽力避免这种情况。

绿茶海绵蛋糕

原料

鸡蛋 600 克，砂糖 250 克，蜂蜜 50 毫升，高筋面粉 150 克，低筋面粉 150 克，发粉 3 克，绿茶粉 9 克，蛋糕油 20 克，牛奶 60 毫升，色拉油 150 毫升，芒果果泥适量

制作方法

1. 将鸡蛋打散倒入搅拌桶，再倒入砂糖，放入电动搅拌机中，以快速搅拌至砂糖溶化。
2. 在筛网下放一张纸，倒入高筋面粉、低筋面粉、绿茶粉、发粉，一起过筛。
3. 在过筛后的粉上放入蛋糕油，然后将粉和蛋糕油倒入搅拌桶。
4. 将搅拌桶放入电动搅拌机中，以慢速将粉拌均匀，再以快速打至面糊起发，至体积变为原来的 2 倍。
5. 一边搅拌面糊一边加入牛奶，继续一边搅拌一边加入蜂蜜，再一边搅拌一边慢慢倒入色拉油，以慢速拌均匀，制成面糊。
6. 在烤盘内铺入蛋糕纸，将打好的面糊倒入烤盘内，将烤盘放入烤炉中，以上火 200℃、下火 150℃烘烤 30 分钟。
7. 将烤好的蛋糕取出后放凉，对半切开。
8. 取其中一半蛋糕，去掉表皮，再对半切开，在其中的一半蛋糕表面抹上芒果果泥，另一半蛋糕压在抹有果泥的一半蛋糕上，切件即可。

作为全蛋打发的蛋糕卷，全蛋的打发是制作蛋糕成功的关键，鸡蛋在 40℃左右最容易打发，因此打发的时候，将打蛋器放在热水里，使鸡蛋的温度升高，更加容易打发。

欧式长条蛋糕

原料：

鸡蛋700克，砂糖200克，中筋面粉200克，黄油125克，可可粉32克，蛋糕油32克，香草粉5克，牛奶香粉3克，小苏打1克，淡奶100毫升，色拉油175毫升，奶油、巧克力碎、樱桃各适量

制作方法

1. 将鸡蛋打散倒入搅拌桶内，然后加入砂糖，放入电动搅拌机中以快速搅打至砂糖溶化呈起发状态。
2. 加入中筋面粉，再加入可可粉，放入电动搅拌机中以快速搅打10分钟左右成黏稠状面糊。
3. 将黄油放在盆中，加入色拉油，然后用电磁炉加热至80℃～90℃，期间不断搅拌使黄油熔化。
4. 将牛奶香粉和香草粉一起加入搅打好的面糊中，搅拌均匀后再加入蛋糕油，放入电动搅拌机中以慢速搅匀，再以中速将面糊打至2倍起发。
5. 将电动搅拌机调成慢速，然后一边搅拌一边缓缓倒入熔化后的黄油，再继续倒入淡奶，搅打均匀。
6. 在烤盘内铺入蛋糕纸，倒入打好的面糊，用抹刀抹平。
7. 将烤盘放入烤炉，以上火200℃、下火100℃烘烤30分钟，烘烤好后将蛋糕取出放凉。
8. 将蛋糕切成三等份，取一份抹上奶油，在上面覆盖另一份蛋糕，继续在上面抹一层奶油，然后加上一层蓝莓果酱，再盖上最后一层蛋糕，抹上一层奶油。
9. 将层叠好的蛋糕切件，在蛋糕的表面撒上巧克力碎，再挤入奶油，在奶油上放樱桃装饰。

家庭烘焙要领

搅拌面糊时切勿过度，面糊搅拌过度时表面有小气泡而且光亮，没有弹性的面糊质感软塌又黏手，并且缺乏弹性，造成成品体积较扁，表面有气泡，内部组织空洞、粗糙，口感毫无弹性。

咸味葱花蛋糕

原料

鸡蛋 320 克，砂糖 150 克，盐 8 克，低筋面粉 170 克，吉士粉 10 克，奶香粉 2 克，蛋糕油 12 克，水 30 毫升，色拉油 40 毫升，肉松、葱花、胡萝卜、沙拉酱各适量

制作方法

1. 将胡萝卜去皮、洗净、切丁备用，将鸡蛋、砂糖、盐混合搅拌至砂糖溶化。
2. 加入低筋面粉、吉士粉、奶香粉，搅拌至完全无粉粒状。
3. 加入蛋糕油，以先慢后快的速度搅拌，直至体积增至为原来的 3.5 倍。
4. 转中速后加入水、色拉油，拌至色拉油、水与面糊完全混合均匀。
5. 将拌打好的面糊倒入模具中，装至八分满，用刮刀将面糊的表面抹平。
6. 在面糊的表面撒上葱花、胡萝卜丁、肉松做装饰，再挤上适量的沙拉酱。
7. 将模具入炉，以上火 200℃、下火 140℃烘烤，将熟透后的蛋糕取出，脱模后即可。

家庭烘焙要领

蛋糕表面装饰材料的多少可根据自己的喜好自行决定，若不喜欢葱的味道，可适量减少葱的用量，若喜爱葱味则可增加，浓浓的葱香，可以给味觉和嗅觉带来很大的冲击力。在蛋糕的表面挤上沙拉酱可使肉松不被烤黑。

黄金相思蛋糕

原料

蛋糕体：低筋面粉 300 克，鸡蛋黄 250 克，鸡蛋清 300 克，玉米淀粉 50 克，砂糖 360 克，色拉油 150 毫升，水 200 毫升，奶香粉 3 克，发粉 4 克，盐 3 克，塔塔粉 8 克，果酱适量

黄金皮：鸡蛋黄 280 克，鸡蛋 50 克，砂糖 40 克，低筋面粉 50 克，色拉油 30 毫升，香芋色香油适量

制作方法

1. 制作蛋糕体：将水、色拉油及 60 克砂糖混合搅拌至砂糖溶化，然后加入低筋面粉、玉米淀粉、奶香粉、发粉搅拌至无粉粒状，继续加入鸡蛋黄拌至均匀纯滑，将拌好的面糊倒在干净的不锈钢盆中。
2. 将鸡蛋清、砂糖、盐、塔塔粉混合均匀，先慢后快搅拌，拌打成硬性泡沫状蛋白霜，分次与面糊混合拌至均匀。
3. 将面糊倒入已垫纸的烤盘中，抹平入炉以上火 180℃、下火 140℃烘烤，烤熟后出炉待冷却备用。
4. 制作黄金皮：将鸡蛋黄、鸡蛋、砂糖混合，先慢后快搅拌，至体积增至为原来的 3 倍后，加入低筋面粉，以中速拌至无粉粒状后，加入色拉油拌匀。
5. 将面糊倒入已垫纸的烤盘里，抹平。
6. 取少量面糊加入适量香芋色香油调匀。
7. 用步骤 6 中调匀后的面糊装饰烤盘里的面糊，入炉以上火 200℃、下火 150℃烤至浅金黄色，出炉待冷却后，分切成等份的两小块。
8. 将预先备好的蛋糕体分切成与黄金皮小块匹配。
9. 将黄金皮表面向下，在背面抹上果酱。将蛋糕体铺上并抹上果酱，然后卷起成卷形条状，静置成型后分切成小块即可。

家庭烘焙要领

往黄金皮背面抹上果酱的时候，可加入少量果粒，待蛋糕成型切开后外形更为美观，且在涂抹果酱的时候不可涂抹得过满，以防卷制时果酱溢出。

黄金蜂蜜蛋糕

原料

鸡蛋 500 克，砂糖 200 克，低筋面粉 250 克，发粉 3 克，蛋糕油 10 克，蜂蜜 80 毫升，牛奶 150 毫升，色拉油 150 毫升，芒果果泥适量

制作方法

1. 将鸡蛋打散倒入搅拌桶中，加入砂糖。
2. 将搅拌桶放入电动搅拌机中，快速打至砂糖溶化。
3. 在筛网下放一张纸，倒入低筋面粉，加入发粉，拿起筛网抖动过筛。
4. 将过筛后的粉倒入搅拌桶中，放入电动搅拌机中以慢速搅匀。
5. 加入蛋糕油，以慢速打匀，再以快速打至 3 倍起发，换中速一边搅拌一边缓缓倒入蜂蜜，再缓缓倒入牛奶，并缓缓分次倒入色拉油，拌匀后取出搅拌桶，再将搅拌桶内的面糊搅匀。
6. 在烤盘内铺入蛋糕纸，将打好的面糊倒入烤盘内，抹匀。
7. 将烤盘放入烤炉内，以上火 180℃、下火 130℃烘烤 75 分钟左右，将蛋糕取出放凉。
8. 将蛋糕放在蛋糕纸上，对半切开，然后分别抹上芒果果泥。
9. 用蛋糕纸包起圆棍，然后手握圆棍向前堆去，将蛋糕卷成圆卷，放在一边放凉，待凉后将蛋糕纸取出，切件即可。

家庭烘焙要领

蛋糕油量的添加是紧跟鸡蛋走的，每当蛋糕的配方中鸡蛋增加或减少时，蛋糕油也必须按比例加大或减少量的使用，以免烤出的蛋糕组织不细腻，口感不松软。

花生酱蛋糕卷

原料：

蛋糕体：鸡蛋600克，砂糖250克，盐5克，低筋面粉125克，吉士粉50克，高筋面粉125克，牛奶香粉2克，蛋糕油25克，牛奶50毫升，色拉油125毫升，水50毫升，防潮糖粉适量

蛋糕馅：花生酱125克，牛油75克，糖粉50克，色拉油35毫升

制作方法

1. 制作蛋糕体：将鸡蛋打散倒入搅拌桶中，再加入砂糖、盐，放入电动搅拌机中，以快速打至砂糖、盐溶化。
2. 在筛网下放入一张纸，倒入低筋面粉，再加入高筋面粉，倒入牛奶香粉、吉士粉，过筛。
3. 往过筛后的粉中加入蛋糕油，然后倒入打好的蛋液中，用电动搅拌机快速打匀，继续加入水、牛奶，用电动搅拌机快速打匀，打至面糊2倍起发后，一边搅拌一边缓缓倒入色拉油，打匀后取出。
4. 在烤盘内放入一张白纸，将打好的面糊倒入模具内，填至八分满。
5. 将烤盘放入烤炉中，以上火200℃、下火150℃烘烤30分钟，将烤好的蛋糕出炉后放凉。
6. 制作蛋糕馅：将牛油放入盆中，再加入糖粉，用打蛋器搅匀。
7. 分次倒入色拉油，每次倒入一点，拌匀后再倒一点，依次倒完，再加入花生酱，拌匀后即成馅。
8. 将烘烤好的蛋糕对半切开，分别放在蛋糕纸上，在切开的蛋糕上抹上拌匀的花生酱。
9. 在蛋糕纸下放一根圆棍，卷起蛋糕向前堆去，卷成蛋糕卷，放在一边放凉。
10. 待蛋糕凉后将纸取出，切件，挤上花生酱，再撒上防潮糖粉即可。

家庭烘焙要领

蛋糕油一定要在快速搅拌面糊之前加入，这样才能充分搅拌溶解，达到最佳的效果，缩短打发时间，增加蛋糕的出品率，且烘烤出来的蛋糕口感细腻，组织均匀松软。

杏香小海绵

原料：

鸡蛋清 250 克，砂糖 120 克，盐 2 克，塔塔粉 2 克，低筋面粉 150 克，奶粉 25 克，奶香粉 1 克，蛋糕油 10 克，鲜奶 30 毫升，色拉油 60 毫升，杏仁片、果酱各适量

制作方法

1. 将鸡蛋清、砂糖、盐、塔塔粉混合均匀，并搅拌至砂糖溶化。
2. 加入低筋面粉、奶粉、奶香粉，拌至完全无粉粒状。
3. 加入蛋糕油，以先慢后快的速度搅拌，直至体积增至为原来的 3.5 倍。
4. 转中速后加入鲜奶、色拉油，边加入边搅拌，直至完全拌匀。
5. 将拌匀后的面糊倒入模具中，装至八分满，用刮刀将面糊的表面抹平。
6. 在面糊的表面挤上果酱，再用杏仁片装饰。
7. 将模具入炉，以上火 200℃、下火 130℃烘烤，熟透后将蛋糕取出，脱模即可。

家庭烘焙要领

这是海绵蛋糕的经典作品，由纯鸡蛋清制作的蛋糕可降低胆固醇的含量。蛋糕油一定要保证在面糊搅拌完成之前能充分溶解，否则会出现沉淀结块；面糊中有蛋糕油的添加则不能长时间搅拌，因为过度搅拌会使空气拌入太多，反而不能够稳定气泡，导致破裂，最终造成成品体积下陷，组织变成棉花状。

蜂蜜千层蛋糕

原料

鸡蛋600克，砂糖350克，蜂蜜40毫升，鸡蛋黄60克，低筋面粉350克，高筋面粉100克，蛋糕油20克，吉士粉15克，水150毫升，色拉油200毫升，柠檬果膏适量

制作方法

1. 将鸡蛋打散倒入搅拌桶中，再加入鸡蛋黄、蜂蜜、砂糖。
2. 将搅拌桶放入电动搅拌机中，以中速搅拌均匀至砂糖溶化。
3. 关闭电动搅拌机，加入低筋面粉、高筋面粉、吉士粉，开动电动搅拌机，以快速打匀。
4. 往打匀的液体中加入蛋糕油，以快速打至成原先体积的2倍起发，继续一边搅打一边缓缓地分次倒入水，再缓缓地分次加入色拉油，搅拌均匀后取出。
5. 在烤盘内放入蛋糕纸，然后倒入1/6的面糊，将烤盘放入烤炉内，以上火220℃、下火130℃烘烤10分钟。
6. 取出后再倒入1/6的面糊，放进烤炉以上火220℃、下火130℃烘烤10分钟，重复此动作3次。
7. 取出后再倒入最后1/6的面糊，放进烤炉以上火200℃、下火100℃烘烤15分钟。
8. 将烤好的蛋糕取出，放凉后对半切开，在其中的一半挤入柠檬果膏，用抹刀抹平，将没有抹果膏的一半压在有果膏的一半上，切件即可。

家庭烘焙要领

在蛋糕上涂抹柠檬果膏的时候，注意涂抹的量要适当且涂抹均匀，确保蛋糕切开后层次分明，均匀美观。如果不喜欢太过于甜的食物，可适当减少蜂蜜或砂糖的用量，亦可减少涂抹柠檬果酱的量。

奶黄巨塔蛋糕

原料：

鸡蛋 200 克，细砂糖 100 克，高筋面粉 110 克，色拉油 60 毫升，发粉 3 克，蛋糕油 12 克，鲜奶 20 毫升，水 40 毫升

制作方法

1. 将鸡蛋、砂糖混合均匀并搅拌直到细砂糖溶化。
2. 再加入高筋面粉、发粉搅拌至液体呈无粉粒状。
3. 继续加入蛋糕油，以先慢后快的速度加入，再拌打至体积增至为原来的 3.5 倍。
4. 将鲜奶、水、色拉油缓慢加入步骤 3 拌打好的液体中，边加入边搅拌，直至完全混合均匀。
5. 将完全拌打好的面糊倒入模具内，装至八分满，并用刮刀将面糊的表面抹平。
6. 将模具入炉，以上火 180℃、下火 130℃烘烤。
7. 将熟透后的蛋糕取出炉，待蛋糕冷却到一定的程度脱模即可。

家庭烘焙要领

蛋糕的表面亦可用果酱挤成格子状，这样可以让蛋糕的表面更加美观。如果蛋糕表面不需要裂口，可通过控制适度的底火或在烤盘内加少量的水等途径来实现。

巧克力乳酪蛋糕

原料：

鸡蛋 825 克，鸡蛋清 150 克，砂糖 425 克，中筋面粉 300 克，水 180 毫升，可可粉 60 克，小苏打 5 克，蛋糕油 20 克，色拉油 225 毫升，乳酪 700 克，淡奶油 50 毫升

制作方法

1. 将水倒入盆中，放在电磁炉上加热至沸腾。
2. 往沸水中加入可可粉，搅拌均匀后关闭电磁炉，放在一边待用。
3. 将鸡蛋倒入搅拌桶中，再倒入 275 克砂糖，放至电动搅拌机中，以慢速打匀，再以快速打至起发，液体呈流线状。
4. 再放入过筛后的中筋面粉，以慢速搅匀，再改快速搅打 10 分钟左右至黏稠状，继续放入蛋糕油，用中速搅打成乳白色。
5. 将搅打好的液体取出，倒入搅融的可可粉，再放入电动搅拌机中以慢速搅匀。
6. 将色拉油缓缓分次倒入正在搅拌的面糊中，搅匀后取出成可可面糊，放在一旁待用。
7. 将乳酪倒入搅拌桶中，再倒入 150 克砂糖，放在电动搅拌机中搅拌均匀至光滑。
8. 将淡奶油倒在鸡蛋清中，将混有淡奶油的鸡蛋清倒入搅拌桶，放入电动搅拌机中打匀成乳酪面糊。
9. 将先前搅好后的可可面糊倒一半至铺有蛋糕纸的烤盘中，放入烤箱以上火 230℃、下火 0℃烤 10 分钟，取出，待放凉后将乳酪面糊倒入可可面糊上。
10. 在烤盘下面放一个装有水的烤盘，入炉隔水以上火 230℃、下火 0℃烤 10 分钟，烤好后取出，再倒入另外一半可可面糊。
11. 用刮片抹匀，再放入烤箱隔水以上火 230℃、下火 0℃烤 15 分钟，取出蛋糕纸，切件即可。

家庭烘焙要领

加入色拉油时忌一次性快速倾倒下去，因为色拉油能够快速消泡，这样会造成面糊出现下沉和下陷等现象，影响打发的效果，加入的时候应该缓慢加入或者分次加入。

第三章

戚风蛋糕

戚风蛋糕小课堂

戚风蛋糕的操作手法是将鸡蛋中的蛋清和蛋黄分为两部分，蛋黄部分与面粉、水、油脂等材料混合拌透，做成面糊备用；蛋清部分与砂糖和少量酸性材料混合，而后拌打至乳沫状发泡的蛋白霜，完成后分次与面糊混合，拌至均匀，然后将混合面糊装入模具或烤盘，就可以入炉烘烤。

制作注意事项

戚风蛋糕柔软膨松的口感多半源于鸡蛋清的打发，一定要保证搅打鸡蛋清的容器无水、无油，打蛋器也是，很多人用打发鸡蛋黄后的打蛋器直接打发鸡蛋清，这是错误的。因此建议打鸡蛋清的容器最好是固定的，平时也尽量不要盛带有油质的东西，打鸡蛋黄相对容易很多，可以用手动打蛋器打发，尽量将两者分开；鸡蛋清中加入柠檬汁有利于打发，味道也会自然清新，也可以用白醋代替，2 ~ 3 滴白醋就足够了，过多会影响味道。看到鸡蛋清体积变大后，要随时提起打蛋器观察顶部的鸡蛋清，如果过几秒钟鸡蛋清就会弯曲则说明打发不够，一定要将鸡蛋清打至顶端竖立，否则烤好的蛋糕很容易回缩、塌陷。如果发现鸡蛋清出现棉絮状、结块的情况，则说明打发过头，不能再用了。

面糊的搅拌一定要迅速，不能划圈搅拌，要用上下翻拌、切拌的手法。烤好的蛋糕不膨松，反而像大饼带有韧性，就是因为划圈搅拌使面粉出筋造成的。同样，千万不能用高筋面粉做戚风蛋糕。面糊入模时，模具内亦不能有油脂，否则油脂在加热时会减弱面糊与模具的黏合效果，蛋糕会出现收缩的现象。

戚风蛋糕由于是分蛋制作（鸡蛋清与鸡蛋黄分离操作），占体积大部分的鸡蛋清搅拌打成蛋白霜，而占体积小部分的鸡蛋黄与面粉拌和，需要加入较多的水分才能将面糊拌透，因此戚风蛋糕所需的水分比较多，烘烤出来的成品的口感亦相应较柔软，但保质期会相对较短。

戚风蛋糕中间凸起开裂，表明烤箱温度过高，中间下陷则说明温度偏低。烤蛋糕途中尽量避免打开烤箱，如果表面上色很深，可以用锡纸盖住，但是开门时要迅速。

戚风蛋糕组织膨松，水分含量高，味道清淡不腻，口感滋润嫩爽，是目前最受欢迎的蛋糕之一。这里要说明的是，戚风蛋糕的质地异常松软，若是将同样重量的全蛋搅拌式海绵蛋糕面糊与戚风蛋糕的面糊同时烘烤，那么戚风蛋糕的体积可能是前者的 2 倍。虽然戚风蛋糕非常松软，但它却带有弹性，且无软烂的感觉，吃时淋各种酱汁会感觉到很可口。另外，戚风蛋糕还可做成各种蛋糕卷、波士顿派等。戚风蛋糕口感绵软、香甜，是外出旅行和在电影院看电影时必不可少的休闲美食。

焦糖布丁蛋糕

原料：

焦糖层：砂糖 140 克，水 255 毫升，果冻粉 9 克

布丁层：砂糖 110 克，鸡蛋 300 克，水 150 毫升，鲜奶 150 毫升

蛋糕层：色拉油 120 毫升，鲜奶 90 毫升，低筋面粉 130 克，玉米淀粉 20 克，鸡蛋黄 90 克，鸡蛋清 170 克，砂糖 90 克，塔塔粉 3 克，盐 2 克，水 60 毫升

制作方法

1. 将焦糖层的 15 毫升水、70 克砂糖混合，大火加热煮成焦煳色后，加入 240 毫升水、70 克砂糖以及果冻粉，用小火煮开。

2. 将煮好的焦糖过筛后倒入模具，冷却后备用。

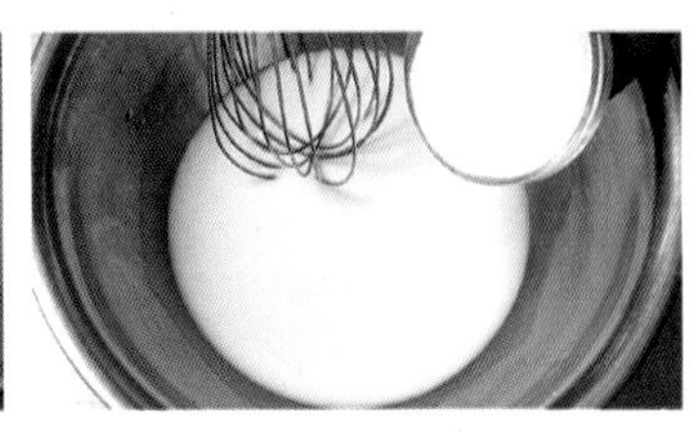

3. 将布丁层中的水、鲜奶、砂糖混合搅拌至糖溶化。

4. 倒入鸡蛋搅拌至完全混合，过筛后成布丁液备用。

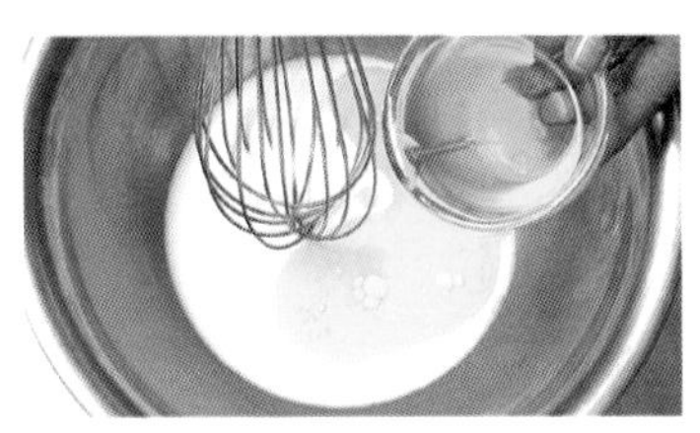

5. 将蛋糕层中的水、色拉油、鲜奶混合，搅拌至均匀。

6. 加入低筋面粉、玉米淀粉后拌至无粉粒状，加入鸡蛋黄搅拌至纯滑成面糊备用。

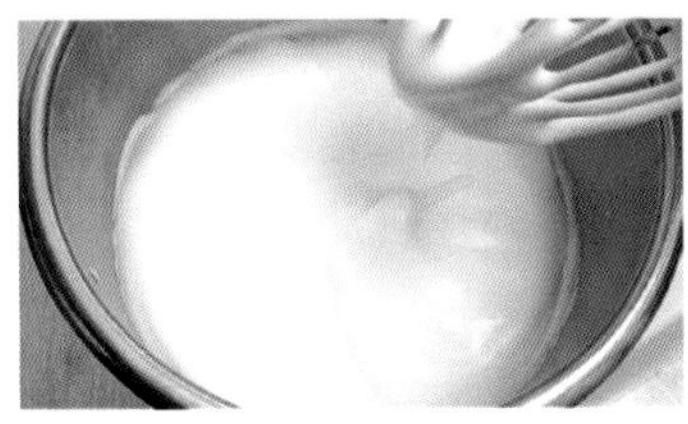

7. 将鸡蛋清、砂糖、塔塔粉混合，以先慢后快的速度搅拌，搅拌打成硬性起鸡尾状蛋白霜。

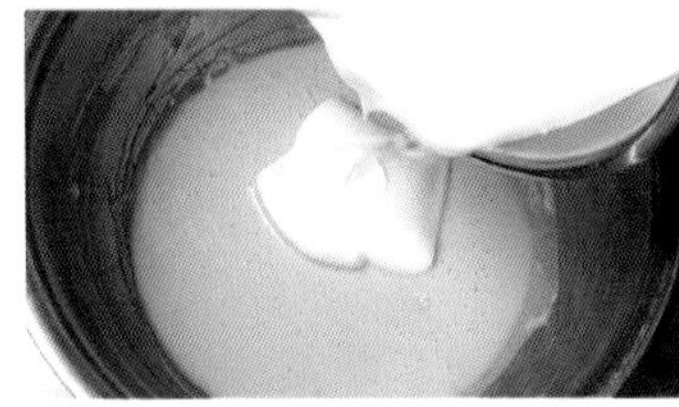

8. 分次与面糊拌至完全均匀成蛋糕面糊。

9. 将布丁液倒入已凝固有焦糖果冻的模具内，再加入蛋糕面糊。

10. 往烤盘内加入约 1000 毫升的水。

11. 入炉以上火 180℃、下火 120℃的温度烘烤，待蛋糕熟透后出炉，待冷却后脱模即可。

家庭烘焙要领

必须在焦糖先凝固后才加入布丁；步骤 10 中往模具内注入水，是为了让模具隔水烘烤，以免底温过高。如果不想太甜，可减少放入模具底部的焦糖量，但建议熬焦糖的时候仍按照配方的量来熬，因为量太少不易操作。

虎皮卷

原料

蛋糕体：鸡蛋150克，牛奶37毫升，色拉油50毫升，砂糖71克，低筋面粉75克，发粉、醋、盐各适量，奶油、果酱适量

虎　皮：鸡蛋黄200克，糖粉30克，玉米淀粉16克

制作方法

1. 制作蛋糕体：用分蛋器将鸡蛋的蛋清与蛋黄分离备用。往牛奶中加入16克砂糖，搅拌均匀，加入色拉油继续拌匀，再加入鸡蛋黄、低筋面粉、发粉搅拌均匀，成为蛋黄面糊。
2. 将鸡蛋清、醋、盐打至鱼眼泡状态时，开始分三次加入剩余的55克砂糖，打至蛋清硬性起发。
3. 将烤箱预热至200℃。
4. 先将1/3蛋清与蛋黄面糊轻拌均匀，再将1/3蛋清与蛋黄面糊轻拌均匀，然后将蛋黄面糊倒进剩余的1/3蛋清里轻拌均匀。
5. 将搅好的面糊倒进铺好锡纸的烤盘里，抹平，放入烤箱。
6. 先用全火200℃烤10分钟，后转160℃烤23分钟即可。
7. 将烤好的蛋糕取出，倒扣在烤架上，切去四边硬边，然后涂果酱，趁热卷好，静置5分钟备用。
8. 制作虎皮：将鸡蛋黄、糖粉、玉米淀粉混合，用电动打蛋器打至面糊体积稍大，颜色变白。
9. 将烤箱预热至220℃。
10. 将面糊倒进铺好油纸的平底盘，抹平，放入烤炉，关下火，只开上火，置于上层烤3 ~ 4分钟即可。
11. 把烤好的虎皮倒扣，抹上奶油，把刚才烤好的蛋糕体放在虎皮上面，将蛋糕卷起后用锡纸把卷好的蛋糕包起来，放入冰箱冷藏半小时，定型好后切开即可。

家庭烘焙要领

要烤出虎皮花纹，蛋黄一定要打发好，并且用200℃的高温烘烤，使蛋黄受热变性收缩，就会出现美丽的“虎皮”花纹了。蛋糕的夹馅，也可以用奶油霜，制作出来的蛋糕卷也十分可口。

塞瓦那

原料

蛋糕体：鸡蛋清 400 克，鸡蛋黄 180 克，盐 3 克，塔塔粉 5 克，糖 250 克，色拉油 175 毫升，泡打粉 5 克，水 175 毫升，低筋面粉 200 克，栗粉 50 克

瓦那皮：黄油 150 克，糖粉 112 克，鸡蛋 75 克，鸡蛋黄 75 克，低筋面粉 135 克，奶粉 38 克，泡打粉 4 克

制作方法

1. 制作蛋糕体：将鸡蛋清倒入搅拌桶中，再倒入盐、塔塔粉，用电动搅拌机以快速打至湿性起发，继续加入糖，以快速打至干性起发。
2. 取一个盆，倒入水、色拉油搅拌均匀后放置一旁待用。
3. 取一个筛网，在筛网下放一张蛋糕纸，将低筋面粉、栗粉、泡打粉倒入筛网内，一起过筛。
4. 将过筛后的粉倒入盆中搅拌均匀，继续倒入鸡蛋黄搅拌均匀，再分次倒入先前打至干性起发的鸡蛋清，搅匀成面糊。
5. 将面糊倒入铺有蛋糕纸的烤盘中，将烤盘放入烤箱内，以上火 180℃、下火 150℃烘烤 25 分钟，取出后放凉备用。
6. 制作瓦那皮：取一个盆，倒入黄油、糖粉搅匀，再倒入鸡蛋搅匀，继续倒入鸡蛋黄搅匀。
7. 取一个筛网，在筛网下放一张蛋糕纸，将低筋面粉、奶粉、泡打粉倒入筛网内，一起过筛。
8. 将过筛后的粉倒入盆中，搅拌均匀。
9. 将蛋糕倒扣在架上，将搅匀的黄油抹在蛋糕上，刷上一层蛋黄液，用三角形刮板刮出纹路。
10. 将蛋糕连架放入烤箱内，以上火 220℃、下火 0℃烘烤约 20 分钟至金黄色，取出后放凉，切件即可。

家庭烘焙要领

打发蛋白霜的时候必须保持连贯不间断的打发状态，这样打出来的蛋白霜质量才高，制作出来的蛋糕外形也好，不会因为蛋白霜的消泡而导致烘烤出来的蛋糕出现塌陷现象。

翡翠红豆

原料：

低筋面粉 30 克，鸡蛋 100 克，抹茶粉 5 克，鲜牛奶 16 毫升，色拉油 16 毫升，砂糖 36 克，打发奶油、红豆各适量

制作方法

1. 用分蛋器将鸡蛋的蛋黄和蛋清分开，盛蛋清的碗保持无油、无水。
2. 把蛋黄和砂糖混合后用打蛋器打发，蛋黄打发到体积膨大，状态浓稠，颜色变浅。
3. 往蛋黄液中分三次加入色拉油，每加入一次都用打蛋器搅打到混合均匀再加下一次，加完色拉油的蛋黄仍呈浓稠的状态，再加入牛奶，轻轻搅拌均匀。
4. 将低筋面粉过筛后倒入蛋黄里，再加入抹茶粉拌匀。
5. 将打蛋器清洗干净并擦干后，开始打发蛋清，将蛋清打发到鱼眼状态时，加入 1/3 的砂糖后继续搅打，并分两次加入剩下的砂糖，最终将蛋清打发至湿性发泡的状态。
6. 盛 1/3 蛋白到蛋黄碗里，从底部往上翻拌均匀，再盛 1/3 蛋白到蛋黄碗里，继续翻拌均匀，将拌匀的面糊倒入剩余的蛋白里，再次翻拌均匀。
7. 将面糊倒入铺了锡纸的烤盘里，抹平，并用力地震几下，让面糊内部的大气泡跑出。
8. 把烤盘放入预热好的 180℃的烤箱，烤 15 ~ 20 分钟，直到表面呈金黄色。
9. 烤好蛋糕后，准备一张新的锡纸，把蛋糕倒在上面，趁热撕去蛋糕上的锡纸。
10. 在蛋糕表面抹上一层打发好的奶油，再将蛋糕卷好。
11. 在卷好的蛋糕表面抹上一层红豆，放入冰箱冷藏半个小时，定型后切开即可。

家庭烘焙要领

步骤 10 中在卷蛋糕的时候，可先用刀在准备卷起的蛋糕的一边切一刀，但不要切断，这样蛋糕卷起来更方便，也可以使蛋糕卷起来的形状更为匀称美观。

毛巾卷

原料：

鸡蛋清500克，鸡蛋黄170克，盐5克，塔塔粉5克，砂糖250克，色拉油150毫升，牛奶50毫升，水150毫升，低筋面粉250克，香草粉10克，栗粉50克，发粉5克，草莓果酱适量

制作方法

1. 将鸡蛋清倒入搅拌桶中，倒入盐、塔塔粉，用电动搅拌机以快速打至湿性起发，继续加入砂糖，以快速打至干性起发。
2. 取一个盆，倒入水、牛奶、色拉油，搅拌均匀，放置一旁待用。
3. 取一个筛网，在筛网下放一张蛋糕纸，将低筋面粉倒入筛网内，继续倒入栗粉、发粉、香草粉，一起过筛。
4. 将过筛后的粉倒入步骤2的液体中，搅拌均匀。
5. 继续倒入鸡蛋黄并搅拌均匀，再分次倒入先前打至干性起发的蛋清，并搅匀成面糊。
6. 在烤盘上铺上一层蛋糕纸，倒入面糊，抹匀。
7. 将烤盘放入烤箱内，以上火180℃、下火150℃烘烤30分钟。
8. 将烤好的蛋糕取出，切成三等份，每等份都抹上草莓果酱。
9. 将蛋糕卷起成蛋糕卷，放置一旁待用，待凉后切件即可。

家庭烘焙要领

新手制作戚风蛋糕的时候，可以加入适量的塔塔粉，它是一种有机酸盐，可使蛋白膏的pH值降低至5～7，而此时的蛋清泡沫最为稳定，有利于制作出成功的蛋糕。

芝麻低脂蛋糕

原料：

低筋面粉 100 克，鸡蛋 450 克，牛奶 125 毫升，玉米油 125 毫升，醋、黑芝麻、砂糖、奶油、巧克力、蜂蜜、塔塔粉各适量

制作方法

1. 将面粉过筛备用，用分蛋器把鸡蛋清与鸡蛋黄分离出来备用，将奶油、巧克力、蜂蜜调匀备用。
2. 把鸡蛋黄、砂糖、玉米油、牛奶、低筋面粉、黑芝麻、塔塔粉放入干净的容器里，搅拌至油水混合，继续搅拌至无颗粒状。
3. 将鸡蛋清放入干净、无水、无油的容器里，加入砂糖和醋打发至硬性发泡。
4. 将 1/3 的蛋白糊与蛋黄糊搅拌均匀，继续加入 1/3 的蛋白糊搅匀，再倒入剩余的蛋白糊里翻拌均匀。
5. 把搅拌好的蛋糕糊倒入铺了锡纸的烤盘里，抹平蛋糕糊表面，并轻震几下，让大气泡跑出。
6. 将烤盘放入预热好了的烤箱内，以上下火 180℃烘烤 20 分钟，然后取出倒扣在烤网上，把锡纸剥离。
7. 把烤好的蛋糕分为相等的两份，在其中一份蛋糕的表面涂抹上步骤 1 中调好的奶油、巧克力、蜂蜜汁，然后再铺上另一份蛋糕，放入冰箱冷藏定型后，取出切成小块即可。

家庭烘焙要领

蛋糕烤好后，趁热把覆盖在上面的锡纸或油纸撕下来，此时会比较容易撕下，如果等蛋糕完全冷却后，锡纸或油纸会粘着蛋糕的边缘，就不容易撕下来，且容易毁坏蛋糕的形状。

孖松蛋糕

原料

鸡蛋清 900 克，鸡蛋黄 400 克，水 250 毫升，奶油 250 毫升，砂糖 200 克，吉士粉 25 克，蛋糕粉 400 克，奶香粉 10 克，发粉 10 克，塔塔粉、柠檬果酱各适量

制作方法

1. 将水、奶油、砂糖搅拌均匀。
2. 加入吉士粉、蛋糕粉、奶香粉、发粉，继续搅拌均匀。
3. 继续加入鸡蛋黄，拌匀成面糊备用。
4. 把鸡蛋清、砂糖、塔塔粉快速打发，打发至湿性发泡状态。
5. 将打发好的鸡蛋清与面糊搅拌均匀，将鸡蛋清分三次加入面糊中，每次加入都需要拌匀后再继续下一次的加入。
6. 把搅拌好的面糊装入裱花袋中，然后挤入准备好的模具内，装至八分满，用刮刀将面糊的表面抹平。
7. 将模具放进烤炉烘烤，以上火 170℃、下火 150℃烘烤约 30 分钟。
8. 将烤好的蛋糕取出，脱模后在蛋糕的表面涂抹上柠檬果酱即可。

家庭烘焙要领

在蛋糕的表面涂抹果酱时，以果酱刚刚挂边为宜，太满会影响蛋糕的外观。所谓挂边是指涂抹果酱的时候从蛋糕的中间往边缘刷果酱，直到果酱均匀地刷至蛋糕的边缘即可停止，不需要让果酱沿着蛋糕的边缘流向底部。

超软蛋糕

原料

鸡蛋 250 克，牛奶 55 毫升，玉米油 50 毫升，砂糖 80 克，低筋面粉 60 克

制作方法

1. 将牛奶、玉米油、20 克砂糖加入奶锅里，加热奶锅并不断搅拌，直到锅里的液体沸腾后立即离火，端起奶锅，摇晃锅里的液体。
2. 把过完筛的低筋面粉倒入奶锅里，立即不断搅拌，直到面粉充分和高温的液体接触并混合，变成烫面团。
3. 用分蛋器将鸡蛋的蛋清与蛋黄分开，将烫面团冷却到不烫手的温度后，倒入蛋黄里。
4. 用橡皮刮刀搅拌均匀，即成蛋黄糊。搅拌好的蛋黄糊静置备用。
5. 将打蛋器清洗干净并擦干水以后，搅打蛋清，并分三次加入 60 克砂糖，将蛋清打发到可以拉出直立尖角的干性发泡状态。
6. 盛 1/3 蛋白到蛋黄糊里，用橡皮刮刀从底部往上翻拌面糊，直到蛋白糊和蛋黄糊完全混合均匀。
7. 翻拌均匀后，将翻拌好的面糊全部倒入剩余的蛋白糊里，从底部往上翻拌均匀成为戚风面糊。
8. 把拌好的面糊倒入蛋糕模里（模具的四周不要抹油，也不要用防粘的模具）。
9. 把蛋糕模放入烤箱中下层，以上下火 165℃烤 50 分钟左右。出炉后将蛋糕模倒扣在冷却架上，冷却后脱模并切块即可。

家庭烘焙要领

烫面戚风，最关键的是烫面的过程。将面粉烫熟，使面粉内的淀粉发生糊化，进而吸收更多的水分。不过面粉不能直接用煮开的液体来烫，那样温度太高，面粉会过度熟化。

什锦蛋糕

原料：

鸡蛋 200 克，低筋面粉 50 克，白糖 50 克，色拉油 40 毫升，果酱、牛奶、椰蓉各适量

制作方法

1. 用分蛋器将鸡蛋清和鸡蛋黄分离，往鸡蛋黄里加入适量的牛奶、色拉油和 10 克白糖，再筛入低筋面粉搅拌均匀。
2. 先将鸡蛋清打至有粗大的气泡，然后再加入 40 克白糖打至硬性发泡。
3. 取 1/3 打发好的鸡蛋清，加入到鸡蛋黄里搅拌均匀。
4. 继续加入 1/3 的鸡蛋清搅拌均匀，然后把剩余的鸡蛋清一起搅拌均匀。
5. 把搅拌好的面糊倒入烤盘中，将面糊的表面抹平，用力震出面糊里的大气泡。
6. 将烤盘放入预热好的烤箱中，以上下火 150℃的温度烘烤 15 ~ 20 分钟。
7. 把烤好的蛋糕取出，在蛋糕上抹上适量的果酱，待蛋糕冷却后将蛋糕卷成卷，并在表面撒上椰蓉，凉后切块即可。

家庭烘焙要领

将烤好的蛋糕卷起的时候，一定要戴上手套，以免灼伤手。卷蛋糕的时候要掌握好一定的度，避免切蛋糕的时候蛋糕松散不成型。在将蛋糕卷起的时候又不宜过紧，以保证合适的松紧度，不致使蛋糕过于结实。

牛奶蛋糕

原料：

鸡蛋 300 克，砂糖 280 克，低筋面粉 200 克，色拉油 60 毫升，牛奶 100 毫升，发粉、香草粉各适量

制作方法

1. 用分蛋器把蛋清与蛋黄分离，盛蛋清的碗要保证无油、无水。
2. 把蛋黄和 80 克砂糖混合后，用打蛋器打发到体积膨大，状态浓稠，颜色变浅。
3. 分三次加入色拉油，每加一次都用打蛋器搅打到混合均匀再加下一次，加完色拉油的蛋黄仍呈现浓稠状态，继续加入牛奶，轻轻搅拌均匀。
4. 将低筋面粉、香草粉和发粉混合均匀后用筛网筛入蛋黄里，用橡皮刮刀翻拌均匀，成为蛋黄面糊，将拌好的蛋黄面糊放在一旁静置备用。
5. 将打蛋器清洗干净并擦干以后，开始打发蛋清，将蛋清打发到鱼眼泡状态时，加入 80 克砂糖继续搅打，并分两次加入剩下的 120 克砂糖，将蛋清打发到湿性发泡状态。
6. 盛 1/3 蛋白霜到蛋黄糊碗里，从底部往上翻拌均匀，将拌匀的面糊倒入剩余的蛋白霜里，再次翻拌均匀。
7. 把面糊倒入模具内，将模具入炉，以上下火 170℃烘烤 25 分钟。
8. 将烤好的蛋糕取出，脱模，待冷却后切片即可。

家庭烘焙要领

砂糖加入的时机以鸡蛋清搅打呈粗白泡沫时为最佳，这样既可把砂糖对鸡蛋清起泡性的不利影响降低，又可使鸡蛋清泡沫更加稳定。若砂糖加得过早，则鸡蛋清不易发泡；若加得过迟，则鸡蛋清泡沫的稳定性差，砂糖也不易搅匀搅化。

蛋皮肉松卷

原料：

鸡蛋 250 克，鸡蛋黄 200 克，鸡蛋清 450 克，奶油 125 克，砂糖 275 克，吉士粉 12 克，蛋糕粉 200 克，奶香粉 5 克，发粉 5 克，水 125 毫升

制作方法

1. 将鸡蛋打散，入锅摊成蛋皮，起锅备用。
2. 将水、奶油拌匀，加入吉士粉、蛋糕粉、奶香粉、发粉搅拌均匀，再继续加入鸡蛋黄拌匀成蛋黄面糊备用。
3. 把鸡蛋清、砂糖混合均匀后快速打发，打发至湿性发泡状态。
4. 将打发好的鸡蛋清分次加入蛋黄面糊中，每次加入都搅拌均匀后再继续下一次的加入，直到完全混合均匀。
5. 将拌好的面糊倒入烤盘中，用刮刀刮平面糊的表面。
6. 将烤盘放进烤炉，以上火 170℃、下火 150℃的温度烘烤 25 分钟。
7. 将烤好的蛋糕取出，继续将蛋糕卷起，分切成与蛋皮大小相等的小块，用蛋皮包起蛋糕卷。
8. 将用蛋皮卷包好的蛋糕放进烤炉，以上火 200℃、下火 0℃的温度烘烤 5 分钟。
9. 将烤好的蛋糕取出，在两边黏上肉松即可。

家庭烘焙要领

烘烤的时候，要注意控制好上火，以免蛋皮被烤焦，将蛋糕最后一次放进烤炉的时候，记得将下火调为 0℃，否则蛋糕底会变焦。火候控制得好，烤出来的蛋糕才能金灿灿，美观无比。

蜜豆绿茶卷

原料

鸡蛋清500克，鸡蛋200克，砂糖250克，盐5克，塔塔粉5克，牛奶200毫升，色拉油200毫升，低筋面粉250克，栗粉50克，绿茶粉250克，发粉5克，蜜豆适量

制作方法

1. 将鸡蛋清倒入搅拌桶中，倒入塔塔粉、盐，用电动搅拌机以快速打至湿性起发，继续加入砂糖，以慢速打至干性起发。
2. 取一个盆，将牛奶倒入盆中，继续倒入色拉油，搅拌均匀后放置一边待用。
3. 取一个筛网，在筛网下放一张蛋糕纸，倒入低筋面粉、栗粉、发粉、绿茶粉，搅拌均匀后一起过筛。
4. 将过筛后的粉倒入盆中，搅拌均匀直至成面糊，然后再倒入鸡蛋搅拌均匀，再分次倒入先前打至干性起发的鸡蛋清，搅匀成面糊。
5. 在烤盘内铺上蛋糕纸，撒上蜜豆，再倒入面糊，用刮刀将面糊抹平。
6. 将烤盘放入烤箱内，以上火180℃、下火150℃烘烤25分钟。
7. 将烤好的蛋糕取出后切成三等份。
8. 将每一份蛋糕放在蛋糕纸上，在蛋糕纸下放一根铁棍，卷起蛋糕向前卷成蛋卷，待蛋糕凉后切件即可。

家庭烘焙要领

将发粉加入到面糊中的时候，一定要先将发粉与面粉一起过筛，使其充分混合，否则会造成蛋糕的表皮上出现麻点或者蛋糕的部分地方味道变得苦涩，影响蛋糕的品质。

6 寸轻蛋糕

原料：

低筋面粉 50 克，鸡蛋 150 克，色拉油 24 毫升，砂糖 54 克，鲜牛奶 24 毫升

制作方法

1. 用分蛋器将鸡蛋黄和鸡蛋清分离，将 36 克砂糖分三次加入到鸡蛋清中，每次的加入都需要搅拌均匀再继续下一次的加入，最后用打蛋器将鸡蛋清打至干性发泡状态（即提起打蛋器时，蛋清能拉出一个短小直立的尖角），将打好的鸡蛋清放进冰箱冷藏备用。
2. 往鸡蛋黄中加入低筋面粉和 18 克砂糖，用打蛋器轻轻打散，再加入色拉油和鲜牛奶，搅拌均匀。
3. 把鸡蛋清从冰箱里取出，盛 1/3 鸡蛋清加入到鸡蛋黄糊中，用橡皮刮刀轻轻上下搅拌均匀，注意不能划圈搅拌；再将鸡蛋黄糊全部倒入鸡蛋清盆中，上下搅拌均匀。
4. 将混合好的面糊倒入 6 寸蛋糕模具中，用手端平在桌上用力震 2 下，让面糊里面的空气跑出。
5. 将模具放入预热好 180℃的烤箱中，烘烤 35 分钟。
6. 将烤好的蛋糕从烤箱里取出，立即倒扣在冷却架上，待冷却后脱模即可。

家庭烘焙要领

制作戚风蛋糕要用无味的植物油，不要用花生油或者橄榄油等味重的油，否则蛋糕的口感会不好。如果鸡蛋是放在冰箱里冷藏，要提前从冰箱里拿出来回温，否则不容易打发。

火腿肉松卷

原料

鸡蛋清 400 克，鸡蛋 150 克，盐 10 克，塔塔粉 4 克，砂糖 250 克，色拉油 125 毫升，牛奶 50 毫升，水 50 毫升，低筋面粉 200 克，牛奶香粉 2 克，粟粉 50 克，发粉 5 克，火腿末、肉松、草莓果馅各适量

制作方法

1. 将鸡蛋清倒入搅拌桶中，再倒入塔塔粉、盐，用电动搅拌机以快速打至湿性起发，然后加入砂糖，以快速打至干性起发。
2. 取一个盆，倒入水、牛奶，继续倒入色拉油，搅拌均匀，待用。
3. 取一个筛网，在筛网下放一张蛋糕纸，将低筋面粉倒入筛网内，然后依次倒入粟粉、发粉、牛奶香粉，一起过筛。
4. 将过筛后的粉倒入盆中的牛奶中，搅拌均匀。
5. 往步骤 4 的盆中分两次倒入鸡蛋，等前一半搅拌均匀后再倒入另一半，继续搅拌均匀，再分次倒入先前打至干性起发的鸡蛋清，搅匀成面糊。
6. 在烤盘上铺上一层蛋糕纸，倒入面糊，撒上肉松和火腿末。
7. 将烤盘放入烤箱内，以上火 180℃、下火 150℃烘烤 30 分钟。
8. 将烤熟后的蛋糕取出，将烤盘倒扣在架上，取出烤盘。
9. 将蛋糕切成三等份，分别抹上草莓果馅。在蛋糕纸下放一根圆棍，卷起蛋糕向前堆去，卷成蛋糕卷，放在一边晾凉，切件即可。

家庭烘焙要领

当蛋浆太浓稠和配方面粉比例过高时可加入部分水，如在最后时加入水，尽量不要一次性将水倾倒下去，这样很容易破坏蛋液的气泡，使面糊体积变小造成消泡。

芝麻雪山包

原料：

低筋面粉 100 克，鸡蛋 200 克，砂糖 60 克，熟黑芝麻 75 克，色拉油 40 毫升，牛奶 80 毫升，发粉适量

制作方法

1. 用分蛋器将鸡蛋的蛋黄和蛋清分开，把蛋黄和砂糖混合后用打蛋器打发到体积膨大，状态浓稠，颜色变浅。
2. 分三次加入色拉油，每加一次都要用打蛋器打至混合均匀再加下一次，加入完色拉油的蛋黄仍呈浓稠的状态，再加入牛奶，轻轻搅拌均匀。
3. 将低筋面粉和发粉混合后用筛网筛入蛋黄里，用橡皮刮刀翻拌均匀，成为蛋黄面糊，将拌好的蛋黄面糊放在一旁静置备用。
4. 将打蛋器洗净并擦干以后，开始打发蛋清，将蛋清打发至鱼眼泡状态时，加入 1/3 的砂糖，继续搅打，并分两次加入剩下的砂糖，将蛋清打发到湿性发泡状态。
5. 盛 1/3 蛋白霜到蛋黄碗里，翻拌均匀，将拌匀的面糊倒入剩余的蛋白里，再次翻拌均匀。
6. 把面糊倒入模具中，抹平，在面糊的表面均匀地撒上熟黑芝麻，以上下火 180℃烘烤 15 ~ 20 分钟。
7. 将烤好的蛋糕取出，脱模，冷却后即可。

家庭烘焙要领

面糊制作好以后，需要尽快使用，不能放置，因为无论是蛋白霜还是蛋黄液，都不稳定，若不及时烘烤，可能会消泡导致面糊体积变小，烘烤出的蛋糕组织粗糙，口味不好。

北海道蛋糕

原料

蛋糕体：鸡蛋清540克，鸡蛋黄300克，塔塔粉5克，砂糖200克，色拉油120毫升，淡奶60毫升，奶香粉2克，低筋面粉135克，发粉3克，香草粉3克，防潮糖粉适量

蛋糕馅：牛奶125毫升，卡士达粉45克，奶油95克，淡奶油375毫升，砂糖15克

制作方法

1. 制作蛋糕体：将色拉油倒入盆中，加入淡奶，用电磁炉加热至70℃搅匀，关闭电磁炉。
2. 往步骤1的盆中加入低筋面粉，再加入鸡蛋黄，用打蛋器搅匀，加入发粉、香草粉和奶香粉，继续搅匀，然后放在一旁待用。
3. 将鸡蛋清倒入搅拌桶中，然后再加入砂糖、塔塔粉，放入电动搅拌机中搅打至起发成鸡尾状。
4. 将打发好的蛋清取1/3倒入先前的面糊中混匀。
5. 再将步骤4中的面糊倒入打发好的蛋清中搅匀。
6. 将搅匀的面糊填入裱花袋，挤入耐高温纸杯中，放入烤炉，以上火180℃、下火160℃烘烤30分钟，取出后放凉。
7. 制作蛋糕馅：将90克奶油、淡奶油、砂糖混匀，用电动搅拌机打至六成起发，再倒入混匀后的牛奶和卡士达粉混匀。
8. 将制作好的馅取出，填入裱花袋，插入蛋糕中，将剩余的5克奶油挤在蛋糕里，撒上防潮糖粉即可。

家庭烘焙要领

搅打蛋白霜的方法要先慢后快，这样鸡蛋清才容易打发，蛋白霜的体积才更大，而搅打出的蛋白霜直接影响到蛋糕的质量，所以成功的打发出蛋白霜显得非常重要。

大元宝蛋糕

原料

低筋面粉 70 克，鸡蛋 200 克，砂糖 80 克，色拉油 20 毫升，盐、奶油、肉松各适量

1. 用分蛋器将鸡蛋中的蛋黄和蛋清分离出来备用。
2. 把 20 克砂糖加入适量的水中融化，加入色拉油搅拌均匀。
3. 加入低筋面粉、盐搅拌至无颗粒状，然后加入蛋黄搅拌成蛋黄糊。
4. 往蛋清中加入 60 克糖，用打蛋器充分打发至鸡尾状。
5. 把 1/3 打发好的蛋清加入到蛋黄糊中搅拌均匀，继续把 1/3 打发好的蛋清加入蛋黄糊中搅拌均匀，再把剩下的打发好的蛋清倒入蛋黄糊中拌匀。
6. 把拌匀的面糊倒入铺好油纸的烤盘中，将烤盘放入已经预热好的 180℃烤箱中，烘烤 20 分钟。
7. 将烤好的蛋糕取出，把油纸抽走，在蛋糕面上切一刀，但不要切断，再对折，往蛋糕切开的间隙中加入适量的奶油、肉松即可。

在打发的鸡蛋里加入面粉的时候，一定要分次把面粉加入，不可一次性把面粉全部倒入，否则会很难搅拌均匀，容易导致鸡蛋消泡。而且，搅拌的时候一定要从底部向上翻拌，绝对不可以画圈搅拌，否则鸡蛋会消泡的。

葡萄香草蛋糕

原料：

低筋面粉 100 克，鸡蛋 300 克，塔塔粉 20 克，细砂糖 90 克，牛奶 100 毫升，色拉油、葡萄干、香草粉各适量

制作方法

1. 用分蛋器将鸡蛋中的蛋清、蛋黄分离出来备用。
2. 在干净无水的容器中将蛋黄搅散，分次加入 40 克细砂糖、色拉油、牛奶，低速搅拌均匀。
3. 将面粉、盐一起过筛，分次倒入步骤 2 中搅拌均匀直至成蛋黄面糊，不要搅拌过长的时间，否则面粉容易起筋。
4. 在另一干净无水容器内将塔塔粉倒入蛋清中，并分次倒入 50 克细砂糖，用打蛋器打发。蛋白打发的程度直接关系到蛋糕的膨松程度，所以一定要打发到起尖角，并且静置几分钟也不会松散。
5. 将打发的蛋白霜，分 1/3 倒入已经搅拌好的蛋黄面糊中，从底部向上翻着搅拌，切记不可画圈。
6. 再盛 1/3 的蛋白霜，倒入蛋黄面糊中，从底部向上翻着搅拌均匀。
7. 将搅拌好的面糊，倒入剩余的 1/3 蛋白霜上，继续从底部向上翻着搅拌至均匀。
8. 将面糊倒入铺好锡纸的平底盘内，抹平，在面糊上撒一些葡萄干。
9. 将烤盘放入烤箱底层，以上下火 180℃烘烤 25 分钟，将烤熟的蛋糕取出，脱模即可。

家庭烘焙要领

往鸡蛋黄中加入细砂糖后，一定要搅打至呈乳白色，这样鸡蛋黄和细砂糖才能混合均匀。烘烤前，模具（或烤盘）不能涂油脂，这是因为戚风蛋糕的面糊必须借助黏附模具壁的力量往上膨胀，有油脂也就失去了黏附力。

黑芝麻养生卷

原料：

鸡蛋清 450 克，鸡蛋黄 150 克，盐 6 克，塔塔粉 5 克，砂糖 250 克，芝麻香油 125 毫升，水 150 毫升，低筋面粉 250 克，黑芝麻 50 克，栗粉 50 克，发粉 6 克，草莓果酱适量

制作方法

1. 将鸡蛋清倒入搅拌桶中，倒入盐、塔塔粉，用电动搅拌机以快速打至湿性起发，继续加入砂糖，以快速打至干性起发。
2. 取一个盆，倒入水、芝麻香油、黑芝麻，搅拌均匀后放置一旁待用。
3. 取一个筛网，在筛网下放一张蛋糕纸，将低筋面粉倒入筛网内，继续倒入栗粉、发粉，一起过筛。
4. 将过筛后的粉倒入盆中，搅拌均匀后再倒入鸡蛋黄，继续搅拌均匀，再分次倒入先前打至干性起发的鸡蛋清，搅匀成面糊。
5. 在烤盘上铺上一层蛋糕纸，倒入面糊，抹匀。
6. 将烤盘放入烤箱内，以上火 180℃、下火 150℃烘烤 30 分钟。
7. 将烤好的蛋糕取出，在蛋糕的表面抹上草莓果酱。
8. 将蛋糕卷起成蛋糕卷，放置一旁待用，待凉后切件即可。

家庭烘焙要领

搅拌的容器要干净，否则将会出现蛋清搅打不起的现象，也会直接影响到蛋糕的保鲜期。所以，容器一定要彻底洗刷干净，必要的时候还应该用热水泡一下容器。

锡纸焗蛋糕

原料：

鸡蛋 300 克，低筋面粉 250 克，细砂糖 250 克，牛奶 100 毫升，白兰地、草莓果酱、杏仁、盐、色拉油、发粉各适量

制作方法

1. 用分蛋器将鸡蛋的蛋黄和蛋清分离，盛鸡蛋清的碗需要无油无水。
2. 把鸡蛋黄和 40 克细砂糖混合后，用打蛋器打发到体积膨大，状态浓稠，颜色变浅。
3. 分三次加入色拉油，每加一次都要用打蛋器搅打到混合均匀再加下一次，加完色拉油的蛋黄仍呈现浓稠状态，继续加入牛奶，轻轻搅拌均匀。
4. 将低筋面粉和发粉混合，用筛网筛入鸡蛋黄里，再加入白兰地、盐，用橡皮刮刀翻拌均匀，成为蛋黄面糊，放在一旁静置备用。
5. 将打蛋器清洗干净并擦干以后，开始打发鸡蛋清，将鸡蛋清打发到鱼眼泡状态时，加入 70 克细砂糖继续搅打，并分两次加入剩下的 140 克细砂糖，将鸡蛋清打发到湿性发泡状态。
6. 盛 1/3 蛋白霜到蛋黄糊碗里，从底部往上翻拌均匀，将拌匀的面糊倒入剩余的蛋白霜里，再次将面糊翻拌均匀。
7. 把面糊倒入模具内至一半满，然后抹上一层草莓果酱，继续加入面糊至八分满，抹平，并在蛋糊的表面撒上适量的杏仁。
8. 将模具入炉，以上下火 170℃烘烤 25 分钟，将烤好的蛋糕取出，脱模，冷却即可。

家庭烘焙要领

蛋黄糊和蛋白霜在混合时搅拌动作要轻要快，若拌得太久或太用力，则气泡容易消失，烤出来的蛋糕体积会缩小。应先用部分蛋白霜来稀释蛋黄糊，然后把稀释过的蛋黄糊再与蛋白霜混合，这样才容易混合均匀。

香草戚风蛋糕

原料

低筋面粉 120 克，鸡蛋 200 克，砂糖 120 克，脱脂牛奶 60 克，色拉油 60 毫升，盐、香草粉、白醋各适量

制作方法

1. 用分蛋器将鸡蛋的蛋黄和蛋清分离，将蛋黄和蛋清分别放在一个干净的盆中。
2. 往盛蛋黄的盆中分次加入色拉油，打发至颜色变淡。
3. 继续加入 60 克砂糖和 60 克脱脂牛奶搅拌均匀。
4. 将盐、香草粉、低筋面粉拌匀后用筛网筛入蛋黄中，搅拌成无颗粒的蛋黄糊备用。
5. 往盛蛋清的盆中滴入适量白醋，用打蛋器打发至蛋清出大气泡。
6. 将另外的 60 克砂糖分三次加入蛋清中，将蛋清打发至用打蛋器能拉出三角形。
7. 将 1/3 蛋清放入到蛋黄糊中不规则地搅拌均匀，再将拌匀的面糊倒入剩下的 2/3 蛋清中，继续不规则地搅拌均匀。
8. 将拌好的面糊倒入模具中，将面糊的表面抹平，然后震出面糊里的气泡。
9. 将模具放入预热好的 150℃的烤箱中，烘烤 25 ~ 30 分钟。
10. 将烤好的蛋糕取出后立即倒扣在架子上，待凉后脱模即可。

家庭烘焙要领

蛋糕完全冷却后，即可利用双手沿着模型边缘向下快速轻压蛋糕体，使蛋糕与模型脱离，蛋糕边缘都脱离后，即可由下而上将蛋糕连同模型底盘一起取出，最后双手由蛋糕体边缘向中央推挤，使蛋糕底部脱离模型底盘，即完成脱模动作。

草莓炼奶蛋糕

原料：

鸡蛋清500克，鸡蛋液200克，盐5克，塔塔粉5克，砂糖250克，色拉油200毫升，炼奶100毫升，水100毫升，低筋面粉300克，栗粉50克，发粉5克，草莓色香油适量

制作方法

1. 将鸡蛋清倒入搅拌桶中，倒入盐、塔塔粉，用电动搅拌机以快速打至湿性起发，继续加入砂糖，以快速打至干性起发。
2. 取一个盆，倒入炼奶，然后再倒入水和色拉油，搅拌均匀，放置一旁待用。
3. 取一个筛网，在筛网下放一张蛋糕纸，将低筋面粉倒入筛网内，倒入栗粉、发粉，一起过筛。
4. 将过筛后的粉倒入盆中的牛奶中，搅拌均匀，再倒入草莓色香油搅匀。
5. 继续倒入鸡蛋液搅拌均匀，再分次倒入先前打至干性起发的蛋清，搅匀成面糊。
6. 在烤盘上铺上一层蛋糕纸，倒入面糊。
7. 将烤盘放入烤箱内，以上火180℃、下火150℃烘烤30分钟。
8. 将烤好的蛋糕取出，切成两等份，分别将每份蛋糕放在蛋糕纸上，抹上炼奶，用抹刀抹匀炼奶。
9. 在蛋糕纸下放一根圆棍，卷起蛋糕向前堆去，卷成蛋糕卷，放在一边晾凉，切件即可。

家庭烘焙要领

调制蛋黄糊和搅打蛋白霜应同时进行，并将二者及时混匀。任何一种糊放置太久都会影响蛋糕的质量，若蛋黄糊放置太久，则易造成油水分离；而蛋白霜放置太久，则易使气泡消失。

迷你瑞士卷

原料

鸡蛋 200 克，低筋面粉 90 克，砂糖 90 克，牛奶 50 毫升，色拉油 35 毫升，水 45 毫升，盐、红豆各适量

制作方法

1. 用分蛋器将鸡蛋中的蛋清和蛋黄分离，往蛋黄中加入盐和 30 克砂糖并搅拌均匀，再加入色拉油，用打蛋器搅打均匀。
2. 继续加入牛奶拌匀,再用筛网筛入低筋面粉，用打蛋器拌和均匀成蛋黄糊，放置一边备用。
3. 将蛋清分三次加入剩下的砂糖中，用打蛋器打发。
4. 取一部分打发好的蛋清加入到蛋黄糊中，用橡皮刮刀拌均匀，再把剩下的蛋白和蛋黄糊全部混合并搅匀。
5. 往搅拌好的面糊中加入红豆,稍微搅拌均匀。
6. 将拌匀的面糊倒入烤盘中，用刮刀将面糊抹平。
7. 将烤盘置于已预热至 165℃的烤箱中上层，烤约 15 分钟。
8. 将烤好的蛋糕放在晾网上稍微冷却后，再卷成卷放入冰箱冷藏定型即可。

家庭烘焙要领

将烤好的蛋糕卷起后，可以放在靠近上层的地方，待蛋糕表面上色之后盖上锡纸直至烤熟。可依据自己的喜好在蛋糕里卷入椰子粉、草莓、香蕉等果酱，做成各种口味的瑞士卷。

香芋紫薯蛋糕

原料：

鸡蛋清 450 克，鸡蛋黄 250 克，盐 3 克，塔塔粉 5 克，黄油 200 克，砂糖 350 克，色拉油 200 毫升，水 200 毫升，低筋面粉 350 克，栗粉 35 克，发粉 5 克，香芋色香油、熟紫薯泥各适量

制作方法

1. 将鸡蛋清倒入搅拌桶中，倒入盐、塔塔粉，用电动搅拌机以快速打至湿性起发，继续加入砂糖，以快速打至干性起发。
2. 取一个盆，倒入水、色拉油、香芋色香油，搅拌均匀，放置一旁待用。
3. 取一个筛网，在筛网下放一张蛋糕纸，将低筋粉倒入筛网内，倒入栗粉、发粉，一起过筛。
4. 将过筛后的粉倒入盆中，搅拌均匀后再倒入鸡蛋黄，继续搅拌均匀，再分次倒入先前打至干性起发的鸡蛋清，搅匀成面糊。
5. 在烤盘上铺上一层蛋糕纸，倒入面糊，抹匀。
6. 将烤盘放入烤箱内，以上火 180℃、下火 150℃烘烤 30 分钟。
7. 将烤好的蛋糕取出，切成两等份。
8. 将黄油倒入搅拌桶中，再加入熟紫薯泥，用电动搅拌机以快速搅匀后抹在蛋糕上。
9. 将蛋糕卷起成蛋糕卷，放置一旁待用，待凉后切件即可。

家庭烘焙要领

当往蛋黄液中加入低筋面粉、发粉等时，不能过度搅打，只需轻轻搅匀即可，否则会致使面粉产生大量的面筋而影响到蛋糕的泡发。

第四章

天使蛋糕

天使蛋糕小课堂

天使蛋糕源自一种古老的美式蛋糕 Angel Cake。传统的 Angel Cake 以海绵蛋糕和奶油制作而成，因蛋糕质地松软如同羽毛，加上表面铺满雪白的奶油，光洁无瑕得像天使的食物，故名 Angel Cake。后来又有人在蛋糕上洒上焦糖粒做装饰，令 Angel Cake 更加大受人们的欢迎。

天使蛋糕于 19 世纪在美国开始流行起来。天使蛋糕是与巧克力恶魔蛋糕相对的，但两者是完全不同类型的蛋糕。巧克力恶魔蛋糕以巧克力、牛油为主料，高热量高糖分；天使蛋糕原料简单，只有鸡蛋清、砂糖和面粉，不含油脂，其成品具有棉花般的质地和颜色，口感清甜，韧性好。它是完全靠把硬性发泡的鸡蛋清、砂糖和面粉制成的，不含油脂，因而鸡蛋清的泡沫能更好地支撑蛋糕。

天使蛋糕是手头上有剩余鸡蛋清的人最喜欢制作的蛋糕之一，因为它只用鸡蛋清，不用鸡蛋黄，可以说是消耗多余鸡蛋清的最佳选择。天使蛋糕除了不添加鸡蛋黄以外，其做法与分蛋海绵蛋糕的做法并无区别，鸡蛋清加糖打发以后加入面粉拌匀即可放入烤箱中烘烤。天使蛋糕虽然表面因为烘烤而显橙黄，但内部组织却纯白无暇，非常有弹性。

制作要领

要领一：制作天使蛋糕首先要将鸡蛋清打成硬性发泡，然后用轻巧的翻折手法拌入其他的材料。天使蛋糕不含油脂，因此口味和材质都非常清爽。

要领二：用来烘烤天使蛋糕的模具，通常是一个高身、圆筒状，中间有筒的环形容器。模具中间的中空圆柱体，令蛋糕在烘焙时温度更平均且能全面受热，环形造型更可让蛋糕快速及均匀地冷却，锁定绵软松化口感。

要领三：因为天使蛋糕只是用鸡蛋清和面粉混合烘焙而成，味觉敏感的人会觉得有一些蛋腥味，可用朗姆酒来遮盖蛋腥味，让蛋糕充满酒香。

要领四：在鸡蛋清中加入塔塔粉或者白醋，是为了平衡蛋清的碱性。这在天使蛋糕中尤其重要，因为天使蛋糕只使用鸡蛋清制作，如果鸡蛋清碱性过高，烤出来的蛋糕将呈乳黄色，不能呈现洁白的质感，而且口感也不会太好。

要领五：韧性太高的蛋糕口感并不好，所以，在天使蛋糕的配方中，应该尽量使蛋糕更松软膨松。配方中，在低筋面粉的基础上，加入部分玉米淀粉，有利于降低面粉的韧性，使蛋糕更加膨松，体积更大，口感更好，但玉米淀粉不可加入过多。

一般制作天使蛋糕，蛋糕师喜欢选用空心模来做，更有“天使”的感觉。但是，模具只是改变蛋糕的外形，而精良的制作，掌握好天使蛋糕的制作要领，才能决定蛋糕的口感，才能制作出成功的天使蛋糕。

雪天使

原料：

椰浆200毫升，色拉油50毫升，鸡蛋清525克，低筋面粉200克，玉米淀粉75克，发粉4克，砂糖230克，塔塔粉7克，盐、奶油、杏仁片各适量

制作方法

1. 将椰浆、色拉油以及125克鸡蛋清混合，搅拌均匀。

2. 往步骤1的混合物中加入低筋面粉、玉米淀粉、发粉，搅拌至无粉粒状。

3. 将拌好的面糊放置一旁备用。

4. 将400克鸡蛋清、盐、砂糖、塔塔粉混合。

5. 以先慢后快的速度搅拌，直至完全混合均匀。

6. 继续将蛋清搅拌打成硬性发泡蛋白霜。

7. 将搅拌打好的蛋白霜分次与步骤3中的面糊混合拌匀。

8. 将搅拌均匀的面糊装入模具，将面糊的表面抹平，入炉以上火180℃、下火130℃烘烤30分钟。

9. 将烤熟后的蛋糕取出，待蛋糕冷却后脱模。

10. 在蛋糕的表面抹上奶油，粘上适量的杏仁片做装饰即可。

家庭烘焙要领

在烘烤蛋糕的时候需要控制好下火，以免低温太高，致使蛋糕的底部着色太深或者烤焦，以保证天使蛋糕的原有外观，雪白如一尘不染的天使，让人喜爱。

水晶蛋糕

原料：

鸡蛋清 500 克，砂糖 210 克，盐 5 克，塔塔粉 8 克，低筋面粉 250 克，吉士粉 50 克，发粉 4 克，蛋糕油 25 克，色拉油 65 毫升

制作方法

1. 将鸡蛋清倒入搅拌桶中，然后加入砂糖、盐、塔塔粉，放入电动搅拌器中，以快速打至砂糖溶化，蛋清成干性起发状态。
2. 在筛网下放一张蛋糕纸，将低筋面粉倒入筛网内，继续倒入吉士粉、发粉，将低筋面粉、吉士粉一起过筛后放入蛋糕油。
3. 将过筛后的粉倒入搅拌桶中，以慢速搅拌均匀，再转快速打至 1.5 倍起发，换成慢速，缓缓倒入色拉油拌匀成面糊。
4. 往烤盘内加入适量水，放入刷过油的模具，倒入面糊至八分满，将面糊抹平，并在烤盘上面覆盖一个烤盘。
5. 将烤盘放入炉内，以上火 180℃、下火 160℃烘烤 30 分钟。
6. 将烤好的蛋糕取出，脱模即可。

家庭烘焙要领

天使蛋糕很难用刀子切开，用刀子切蛋糕的话很容易把蛋糕压扁下去，因此，食用天使蛋糕的时候，应该使用叉子、锯齿形刀以及特殊的切具，以保持天使蛋糕的形状。

红豆天使蛋糕

原料：

鸡蛋清 650 克，塔塔粉 5 克，盐 5 克，砂糖 250 克，牛奶 150 毫升，色拉油 150 毫升，低筋面粉 250 克，栗粉 50 克，发粉 5 克，牛奶香粉 5 克，红豆 150 克

制作方法

1. 取 500 克鸡蛋清，倒入搅拌桶中，然后倒入砂糖、盐、塔塔粉，放入电动搅拌机中以快速打至干性起发，体积膨胀至原来的 3 倍为止。
2. 将牛奶倒入盆中，加入色拉油后搅拌均匀。
3. 在筛网下放一张蛋糕纸，将低筋面粉倒入筛网中，继续倒入栗粉、发粉、牛奶香粉，将低筋面粉、栗粉、发粉、牛奶香粉一起过筛。
4. 将过筛后的粉倒入盆中和牛奶混合均匀。
5. 将剩下的 150 克鸡蛋清分次倒入盆中，一边倒入一边搅拌均匀，每次加入都需要搅拌均匀后再继续下一次的加入，最后制成面糊。
6. 将打至干性起发的鸡蛋清分三次加入面糊中，每次加入都需要搅拌均匀后再继续下一次的加入，搅匀成蛋糕糊。
7. 在模具内刷油，放入适量红豆，再将模具放在烤盘中。
8. 将蛋糕糊填入裱花袋中，再挤入模具，至八分满。
9. 往烤盘内放入适量的水，将烤盘放入烤箱中，以上火 180℃、下火 160℃烘烤 30 分钟。
10. 将烤好的蛋糕取出炉后脱模即可。

家庭烘焙要领

天使蛋糕不含油分，是一种很有韧性的蛋糕，且天使蛋糕不易回缩，弹性丰富，口感非常好。将天使蛋糕出炉后，即使不倒扣冷却，蛋糕也不容易回缩变形。

布丁天使蛋糕

原料

蛋糕体：鸡蛋清600克，砂糖250克，塔塔粉6克，盐5克，牛奶150毫升，色拉油150毫升，低筋面粉250克，粟粉50克，发粉5克

布　丁：水300毫升，砂糖20克，布丁粉50克，黄油10克，鸡蛋黄30克

制作方法

1. 制作蛋糕体：将450克鸡蛋清倒入搅拌桶中，再倒入盐、塔塔粉，用电动搅拌机以快速打至湿性起发。
2. 继续加入砂糖，以快速打至干性起发。
3. 取一个盆，倒入牛奶、色拉油，搅拌均匀，放置一旁待用。
4. 取一个筛网，在筛网下放一张蛋糕纸，将低筋面粉倒入筛网内，再倒入粟粉、发粉，一起过筛。
5. 将过筛后的粉倒入盆中，搅拌均匀。
6. 分次倒入剩余的150克鸡蛋清，搅拌均匀。
7. 再分次倒入先前打至干性起发的鸡蛋清，搅匀成面糊。
8. 将面糊倒入刷过油的模具中。
9. 在烤盘中放入水，将烤盘放入烤箱内，以上火180℃、下火160℃烘烤30分钟，出炉后倒扣在架上，脱模。
10. 制作布丁：将水倒入盆中，继续倒入布丁粉、砂糖、黄油、鸡蛋黄，用电磁炉一边加热一边搅拌均匀。
11. 在筛网下放一个碗，将盆内的布丁水倒入筛网内过筛。
12. 将过筛后的布丁水倒入模具内至约0.5厘米高，放进冰箱冷藏至凝固。
13. 凝固后脱模，盖在已出炉的蛋糕上即可。

家庭烘焙要领

盐在天使蛋糕中是一种很重要的配料，具有增加蛋糕洁白程度的作用，盐的加入可以使烤出来的天使蛋糕颜色洁白美观。另外，盐还可以增加蛋糕的香味。

香橙天使蛋糕

原料：

鸡蛋清 600 克，塔塔粉 8 克，盐 8 克，砂糖 300 克，牛奶 150 毫升，水 100 毫升，色拉油 200 毫升，低筋面粉 300 克，栗粉 100 克，发粉 8 克，牛奶香粉 8 克，香橙色香油、樱桃各适量

制作方法

1. 将 450 克鸡蛋清倒入搅拌桶中，继续倒入砂糖、盐、塔塔粉，放入电动搅拌机中以快速打至干性起发，体积膨胀至原来的 3 倍。
2. 取一个盆，倒入色拉油后继续倒入香橙色香油，再倒入水，加入牛奶搅拌均匀。
3. 在筛网下放一张蛋糕纸，将低筋面粉倒入筛网中，依次倒入栗粉、牛奶香粉、发粉，将低筋面粉、栗粉、牛奶香粉、发粉一起过筛。
4. 将过筛后的粉倒入盆中，搅拌均匀。
5. 分次将剩下的 150 克鸡蛋清倒入盆中，搅拌均匀。
6. 取一个注有适量水的烤盘，放入刷过油的模具，在模具内加入适量樱桃，再将面糊倒入模具中，用刮刀将面糊的表面抹平。
7. 将烤盘放入烤炉内，以上火 180℃、下火 160℃烘烤 30 分钟。
8. 将烤好的蛋糕取出，脱模即可。

家庭烘焙要领

天使蛋糕具有韧性，不像戚风蛋糕那么容易破裂，所以脱模也非常容易，即使多折腾几下模具，也不会破坏天使蛋糕外形的完整性。

提子天使蛋糕

原料

鸡蛋清550克，塔塔粉5克，盐5克，砂糖300克，牛奶200毫升，色拉油200毫升，低筋面粉300克，栗粉50克，发粉8克，牛奶香粉5克，提子150克，蜂蜜玫瑰酱适量

制作方法

1. 将400克鸡蛋清倒入搅拌桶中，加入砂糖、盐、塔塔粉，放入电动搅拌机中以快速打至干性起发，体积膨胀至原来的3倍。
2. 将牛奶倒入盆中，然后倒入色拉油，搅拌均匀。
3. 在筛网下放一张蛋糕纸，将低筋面粉倒入筛网中，倒入栗粉、发粉、牛奶香粉，一起过筛。
4. 将过筛后的粉倒入盆中和牛奶混合均匀。
5. 将剩下的150克鸡蛋清分次倒入盆中，一边倒入一边搅匀，制成面糊。
6. 将打至干性起发的鸡蛋清分三次加入面糊中，搅匀成蛋糕糊。
7. 在烤盘内刷油，放上一张蛋糕纸，然后撒上提子。
8. 将面糊倒入烤盘内，放入烤箱以上火180℃、下火150℃烘烤25分钟。
9. 将烤好的蛋糕取出，切成三等份。
10. 将切好的蛋糕放在蛋糕纸上，抹上蜂蜜玫瑰酱，用铁棍放在蛋糕纸下，卷起蛋糕往前推去做出蛋糕卷，切件即可。

家庭烘焙要领

空心的蛋糕模是用来烘烤天使蛋糕的专用模具，如果家里没有空心的蛋糕模，也可用其他模具代替，蛋糕的口味关键在制作要领和配方，模具只是能让蛋糕的外形看起来更有天使的韵味。

柠檬天使蛋糕

原料：

鸡蛋清 650 克，低筋面粉 200 克，塔塔粉 5 克，盐 5 克，砂糖 300 克，牛奶 175 毫升，色拉油 175 毫升，柠檬汁 30 毫升，栗粉 50 克，发粉 5 克，柠檬色香油、碎柠檬皮各适量

制作方法

1. 将 500 克鸡蛋清倒入搅拌桶中，加入盐、塔塔粉，用电动搅拌机以快速打至湿性起发，再加入砂糖，以快速打至干性起发。
2. 将牛奶倒入盆中，加入色拉油、柠檬汁，搅拌均匀。
3. 取一个筛网，在筛网下放一张蛋糕纸，倒入低筋面粉、发粉、栗粉，一起过筛，将过筛后的粉倒入盆中，搅拌均匀。
4. 往过筛后的粉中分次倒入剩下的 150 克鸡蛋清搅匀，再倒入一部分碎柠檬皮搅拌均匀。
5. 再分次倒入先前打至干性起发的鸡蛋清搅匀成面糊,继续加入适量柠檬色香油搅拌均匀。
6. 取一个烤盘，放入刷过油的模具，将面糊倒入模具中至八分满，撒入剩余的碎柠檬皮。
7. 在烤盘内注入适量的水，将烤盘放入烤炉内，以上火 180℃、下火 160℃的温度烘烤 30 分钟，将烤好的蛋糕取出炉后脱模即可。

家庭烘焙要领

如果没有柠檬汁可用白醋代替，柠檬汁或白醋的作用是为了平衡鸡蛋清的碱性，使烘烤出的蛋糕颜色更加洁白。但用柠檬汁可以使烘烤出来的蛋糕的味道更加清爽香甜。

全麦天使蛋糕

原料

鸡蛋清 650 克，盐 5 克，塔塔粉 5 克，砂糖 300 克，色拉油 150 毫升，发粉 5 克，牛奶 200 毫升，低筋面粉 100 克，全麦粉 150 克，栗粉 50 克

制作方法

1. 将 450 克鸡蛋清倒入搅拌桶中，继续倒入盐、塔塔粉，用电动搅拌机以快速打至湿性起发。
2. 继续加入砂糖，以快速打至干性起发。
3. 取一个盆，倒入牛奶，再倒入色拉油，搅拌均匀，放置一旁待用。
4. 取一个筛网，在筛网下放一张蛋糕纸，将低筋面粉倒入筛网内，倒入栗粉、发粉，一起过筛。
5. 过筛后倒入全麦粉，搅拌均匀。
6. 分次倒入剩余的 200 克鸡蛋清，搅拌均匀。
7. 再分次倒入先前打至干性起发的鸡蛋清，搅匀成面糊。
8. 将面糊填入裱花袋，挤入刷过油的模具中。
9. 在烤盘中放入适量的水。
10. 将烤盘放入烤箱内，以上火 180℃、下火 160℃烘烤 30 分钟。
11. 待蛋糕熟透后取出，把模具倒扣在架上，脱模即可。

家庭烘焙要领

如不喜欢吃甜味较重的蛋糕，可以在蛋白糊中放入葡萄干、蜜豆等辅料调节味道，再适量减少砂糖的用量。如喜欢甜食，亦可加入葡萄干、蜜豆等带有甜味的原料，但砂糖的用量不必减少。

酸奶天使蛋糕

原料

鸡蛋清 700 克，塔塔粉 5 克，盐 5 克，砂糖 300 克，酸奶 300 毫升，色拉油 250 毫升，低筋面粉 250 克，栗粉 50 克，牛奶香粉 6 克，发粉 6 克

制作方法

1. 将 500 克鸡蛋清倒入搅拌桶中，加入盐、塔塔粉，用电动搅拌机以快速打至湿性起发，再加入 250 克砂糖，以快速打至干性起发。
2. 取一个盆，倒入酸奶、色拉油，搅拌均匀再倒入剩下的 50 克砂糖，搅拌至糖溶化。
3. 取一个筛网，在筛网下放一张蛋糕纸，倒入低筋面粉、栗粉、发粉，再倒入牛奶香粉，一起过筛。
4. 将过筛后的粉倒入盆中，用力搅拌均匀。
5. 往搅匀后的粉中分次倒入剩下的 200 克鸡蛋清搅匀，再分次倒入先前打至干性起发的鸡蛋清，搅匀成面糊。
6. 将面糊填入裱花袋内，挤入刷过油的模具中至八分满，将面糊的表面抹平。
7. 往模具中倒入适量的水，放入烤炉内，以上火 180℃、下火 160℃烘烤 30 分钟。
8. 将烤好的蛋糕取出，脱模即可。

天使蛋糕因为只用鸡蛋清和面粉烘烤而成，口感清淡，食用天使蛋糕的时候，可根据自己的喜好配一些甜汁或水果食用。天使蛋糕也可以当做鲜奶油蛋糕内坯使用。

红糖枸杞天使蛋糕

原料：

鸡蛋清650克，盐5克，塔塔粉5克，红糖200克，色拉油100毫升，发粉5克，牛奶100毫升，水100毫升，低筋面粉200克，栗粉50克，枸杞子70克，白兰地适量

制作方法

1. 将枸杞子泡入白兰地中。
2. 将 450 克鸡蛋清倒入搅拌桶中，继续倒入盐、塔塔粉，用电动搅拌机以快速打至湿性起发。
3. 加入红糖，以快速打至干性起发。
4. 取一个盆，倒入水、色拉油，再倒入浸泡过白兰地的枸杞子，搅拌均匀，放置一旁待用。
5. 取一个筛网，在筛网下放一张蛋糕纸，将低筋面粉倒入筛网内，再倒入栗粉、发粉，一起过筛。
6. 将过筛后的粉倒入盆中，搅拌均匀。
7. 分次倒入剩余的 200 克鸡蛋清，搅匀。
8. 再分次倒入先前打至干性起发的鸡蛋清，搅匀成面糊。
9. 将面糊填入裱花袋，挤入刷过油的模具中。
10. 在烤盘中放入适量的水。
11. 将烤盘放入烤箱内，以上火 180℃、下火 160℃烘烤 30 分钟。
12. 将烤好的蛋糕出炉，将模具倒扣在架上，脱模即可。

家庭烘焙要领

如果家里没有白兰地，可以用朗姆酒、白葡萄酒、玫瑰露酒等代替，白兰地的作用是用来减轻鸡蛋清的腥味，让蛋糕充满酒香，更加美味可口。

草莓天使蛋糕

原料

鸡蛋清 550 克，低筋面粉 200 克，塔塔粉 5 克，盐 5 克，砂糖 300 克，黑芝麻 75 克，牛奶 175 毫升，色拉油 175 毫升，栗粉 50 克，发粉 5 克，草莓色香油适量

制作方法

1. 将 400 克鸡蛋清倒入搅拌桶中，加入盐、塔塔粉，用电动搅拌机以快速打至湿性起发，再加入砂糖，以快速打至干性起发。
2. 取一个盆，将牛奶倒入盆中，加入色拉油搅拌均匀。
3. 继续倒入黑芝麻、草莓色香油，然后搅拌均匀。
4. 取一个筛网，在筛网下放一张蛋糕纸，倒入低筋面粉、发粉，再倒入栗粉，一起过筛。
5. 将过筛后的粉倒入盆中并搅拌均匀。
6. 往过筛后的粉中分次倒入剩下的 150 克鸡蛋清，搅拌均匀，再分次和先前打至干性起发的鸡蛋清搅匀成面糊。
7. 取一个烤盘，放入刷过油的模具，将面糊填入裱花袋，挤入模具中至八分满。
8. 在烤盘内注入适量的水，将烤盘放入烤炉内，以上火 180℃、下火 160℃烘烤 30 分钟。
9. 将烤好的蛋糕取出炉后脱模即可。

家庭烘焙要领

黑芝麻的加入，使得蛋糕烘烤之后有一股芝麻香，可掩盖鸡蛋清的腥味，改善了蛋糕的味道。用经过炒制后的黑芝麻，再经过烘烤，会散发出更浓郁的芝麻香。

巧克力天使蛋糕

原料

鸡蛋清650克，塔塔粉5克，盐5克，糖250克，牛奶150毫升，色拉油150毫升，低筋面粉250克，栗粉50克，牛奶香粉5克，发粉5克，巧克力200克

制作方法

1. 将 500 克鸡蛋清倒入搅拌桶中，加入盐、塔塔粉，用电动搅拌机以快速打至湿性起发。继续加入糖，以快速打至干性起发。
2. 取一个筛网，在筛网下放一张蛋糕纸，倒入低筋面粉、栗粉、发粉，再倒入牛奶香粉，一起过筛。
3. 取一个盆，倒入牛奶，再倒入色拉油并搅拌均匀。
4. 将过筛后的粉倒入盆中，用力搅拌均匀。
5. 往搅匀后的粉中分次倒入剩下的 150 克鸡蛋清，然后搅拌均匀，再分次倒入先前打至干性起发的鸡蛋清搅匀成面糊。
6. 将面糊填入裱花袋内，挤入刷过油的模具中至八分满。
7. 将模具放入烤炉内，以上火 180℃、下火 160℃烘烤 30 分钟。
8. 将烤好的蛋糕取出炉后脱模。
9. 将巧克力放在电磁炉上隔水加热，搅至熔化。
10. 将熔化的巧克力酱填入裱花袋内，挤在蛋糕上即可。

家庭烘焙要领

有时为了降低面粉的筋度，使蛋糕口感更佳，可在配方中加淀粉成分，一定要将其与面粉一起过筛时加入，否则如果没有拌匀将会导致蛋糕未出炉就下陷。另外淀粉的添加也不能超过面粉的 1/4。

第五章

重油蛋糕

重油蛋糕小课堂

重油蛋糕是利用配方中之固体油脂在搅拌时拌入空气，面糊于烤炉内受热膨胀成蛋糕，主要原料是鸡蛋、砂糖、面粉和黄油。重油蛋糕面糊浓稠、膨松，特点是油香浓郁、口感深香有回味，结构相对紧密，有一定的弹性。重油蛋糕所含油脂相对较高，突出油脂的特有风味，糕体内部组织结实。重油蛋糕由于油脂成分比重较多，制作时糖分与面粉亦应增加比重，否则会影响蛋糕体的组织结构。

制作重油蛋糕的过程中，在拌打面糊时，不宜将面糊搅拌得过度起发；在烘烤时要更加关注温度，掌握好火候，原因是重油蛋糕中糖的分量较重，容易着色，烘烤时一定要掌握火候，否则自然裂口不美观，影响蛋糕的整体外观。

重油蛋糕的制作工艺：鸡蛋去壳，加入砂糖打泡，加入融化后的油脂搅匀，再加入面粉，搅成糊状，做到不起筋，无面疙瘩；然后将模具加热后抹上油，定量注入调配好的面糊，入炉烘烤，冷却后即为成品。

制作工艺上容易出现的问题及原因

1.蛋糕表面有白色斑点

原因：①配方内糖的用量太多或糖的颗粒太粗；②碱性化学膨大剂用量过多；③烘烤蛋糕时炉温太低；④面糊搅拌不够充分；⑤面糊搅拌不均匀；⑥所使用油的油脂的熔点太低；⑦面糊搅拌后的温度过高；⑧液体原料用量不足。

2.蛋糕表面中间隆起

原因：①面糊搅拌过久，致使面粉出筋；②配方内柔性原料不足；③面糊太硬，面糊内所含的总水量不足；④原料中所用面粉的筋度太高；⑤烘烤蛋糕时炉温太高；⑥原料中鸡蛋的用量过多；⑦面糊搅拌后温度过低；⑧面糊搅拌不够均匀。

3.蛋糕出炉后收缩

原因：①配方内化学膨大剂过多；②面糊搅拌过久；③原料中鸡蛋的用量不足；④糖和油的用量太多；⑤原料中所用面粉的筋度太低；⑥在烘烤的过程中，蛋糕尚未定型时，烤盘变形或发生其他的震动。

浓情巧克力蛋糕

原料：

蛋糕体：奶油200克，糖粉200克，鸡蛋黄180克，低筋面粉300克，奶粉20克，发粉7克，巧克力200克，鸡蛋清400克，砂糖200克，塔塔粉5克，盐3克

香酥粒：砂糖130克，奶油180克，低筋面粉360克

果　碎：提子干、樱桃、核桃、瓜子仁、朗姆酒各适量

（注：将砂糖、奶油、低筋面粉搓成粒状即成香酥粒；果碎可用朗姆酒浸泡一会儿。）

制作方法

1. 制作蛋糕体：将奶油、糖粉混合搅拌至完全均匀成奶白色。

2. 加入鸡蛋黄，边加入边搅拌至均匀。

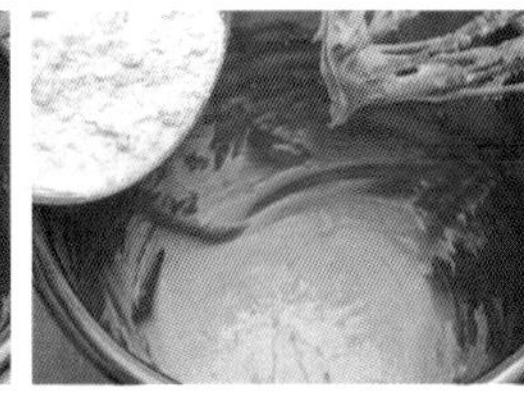

3. 然后将低筋面粉、奶粉、发粉加入拌至完全纯滑透彻。

4. 再将巧克力边加入边搅拌，拌至完全混合。

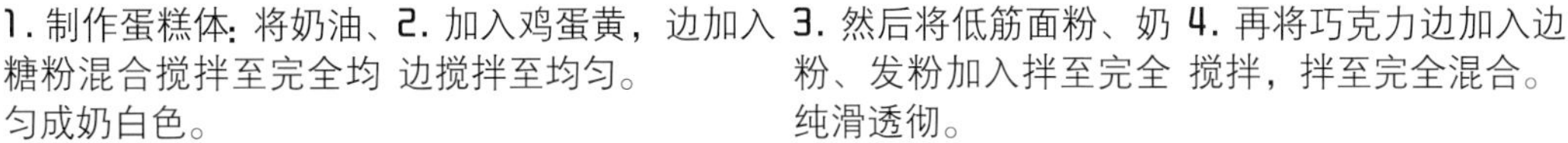

5. 继续将果碎加入并完全搅拌均匀。

6. 倒出备用。

7. 将鸡蛋清、砂糖、塔塔粉、盐混合，以先慢后快的速度搅拌。

8. 搅拌打成中性发泡蛋白霜。

9. 将蛋白霜分次与面糊拌至纯滑均匀。

10. 将面糊倒入模具中，装至八分满，用刮刀将面糊的表面抹平。

11. 用香酥粒装饰面糊表面，然后将模具入炉。

12. 以上火170℃、下火130℃烘烤30分钟，待蛋糕熟透后出炉，将蛋糕脱模即可。

家庭烘焙要领

果碎可根据自己的喜好自由选择，制作前预先将果碎浸泡好会让蛋糕更加芳香。将面糊倒入模具时，要根据情况适量填入，如果倒入模具中的面糊过少，会导致面糊无法膨胀，过满则会溢出，可能会烤出一个头大身小的异形蛋糕。

蜂巢蛋糕

原料

砂糖 200 克，水 250 毫升，蜂蜜 28 毫升，炼奶 150 克，色拉油 100 毫升，鸡蛋 200 克，低筋面粉 150 克，小苏打 10 克

制作方法

1. 将砂糖、水、蜂蜜混合加热后煮开成糖水，待糖水冷却后备用。
2. 将炼奶、色拉油、鸡蛋混合拌至完全均匀。
3. 将步骤 1 中的糖水加入步骤 2 中后搅拌均匀。
4. 然后将搅拌后的混合液过筛滤去杂质。
5. 取少量过筛后的液态材料。
6. 往少量的液态材料中加入低筋面粉、小苏打搅拌，搅拌均匀直至完全无颗粒状。
7. 将剩余的液态材料加入。
8. 搅拌至均匀透彻，然后放在一旁静置。
9. 待液态材料冷却后将其倒入模具中，装至八分满，用刮刀将面糊的表面抹平。
10. 将模具入炉，以上火 180℃、下火 170℃烘烤至蛋糕熟透，取出蛋糕，脱模即可。

家庭烘焙要领

此款蛋糕因为表面有着细密的小洞，如同蜂巢，故名蜂巢蛋糕。该蛋糕如其名，爽滑细腻。制作时，面糊必须完全冷却后，才能将面糊拌匀，入模具烘烤。此外还需严格掌握每个步骤的操作时间，才能制作出成功的蜂巢蛋糕。

哈雷蛋糕

原料：

鸡蛋 500 克，砂糖 500 克，低筋面粉 500 克，发粉 20 克，牛奶香粉 10 克，色拉油 500 毫升，牛奶 200 毫升

制作方法

1. 将鸡蛋打散，再与砂糖搅拌均匀。
2. 然后加入低筋面粉、发粉、牛奶香粉，继续搅拌均匀。
3. 往步骤 2 中继续加入色拉油搅拌均匀，之后再加入牛奶搅拌直到成为面糊。
4. 将面糊用量杯倒入预先准备好的模具内，装至六成满，然后用刮刀将面糊的表面抹平。
5. 将烤箱预热好，把模具放入烤箱内。
6. 调节好烤箱的温度，以上火 180℃、下火 200℃烘烤 20 分钟。
7. 将烤好的蛋糕取出，放置于一旁冷却，脱模即可。

家庭烘焙要领

哈雷蛋糕的形状因类似哈雷彗星而得名，制作成功的哈雷蛋糕，清爽浓香，色泽金黄。哈雷蛋糕配方中的牛奶可用全脂牛奶，也可以用脱脂牛奶。如果想要蛋糕热量变得低一点，可以用等量水代替牛奶，只是烤出来的蛋糕的味道差一点。可在面糊的表面撒上瓜子仁做装饰，亦可在面糊表面用沙拉酱挤出一个大“十”字。

大理石蛋糕

原料：

低筋面粉180克，无盐黄油180克，砂糖150克，鸡蛋250克，柠檬汁10毫升，糖粉60克，可可粉10克，牛奶30毫升

制作方法

1. 用分蛋器将鸡蛋的蛋黄和蛋清分开，分别放入两个容器中。
2. 黄油在室温下软化后用打蛋器打匀，然后将75克砂糖分次加入到黄油中，用打蛋器打至膨松发白状。
3. 在打发的黄油中将蛋黄一个个加入到其中，每次加入都要搅拌均匀再继续下一个的加入，搅拌均匀后再加入柠檬汁搅匀成蛋黄糊。
4. 蛋清用打蛋器打出鱼眼状，分次加入糖粉，打至硬性发泡。
5. 低筋面粉过筛后，分次加入到蛋黄糊中，并切拌均匀，然后加入打发好的蛋清，用橡皮刮刀切拌均匀。
6. 将牛奶和可可粉混合，调成可可奶液。
7. 将面糊分成两份，一份中加入可可奶液，翻拌均匀成可可面糊。
8. 将两种颜色的面糊交替着倒入蛋糕模中，用筷子沿中间转一圈划出大理石效果。
9. 将烤箱预热后，把烤模移入烤箱中，以170℃的温度烘烤30分钟。
10. 待蛋糕烤好后，把烤模倒扣在蛋糕架上，取下模具，待蛋糕凉后切件即可。

家庭烘焙要领

蛋白糊和蛋黄糊混合的时候一定要切拌，而不是搅拌，否则会消泡。关于切拌，就是像切菜那样切。如果掌握不好，可以用手代替。戴好手套，用整个手掌捋着盆边来翻动蛋糊，翻拌的时候，手尽量隐藏在蛋糊中。

牛油大蛋戟

原料

牛油 450 克，糖粉 450 克，鸡蛋 500 克，低筋面粉 500 克，发粉 10 克，牛奶香粉 5 克，瓜子仁适量

制作方法

1. 将牛油加热融化，然后与糖粉搅拌均匀。
2. 继续加入打散的鸡蛋搅拌均匀。
3. 继续加入低筋面粉、发粉、牛奶香粉搅拌均匀。
4. 将搅拌好的面糊倒入预先准备好的模具内，用刮刀抹平面糊的表面，并轻微地震动几下，震出面糊内的大气泡。
5. 在抹平后的面糊表面撒上适量的瓜子仁。
6. 将烤箱预热好，把模具放进烤箱里。
7. 调节好烤箱的温度，用上火 190℃、下火 140℃烘烤 25 分钟。
8. 将烤好的蛋糕取出炉，脱模后用锡纸包好，放入冰箱内冷藏至定型，取出切块即可。

家庭烘焙要领

面糊的打发程度需要严格控制好，这会影响到蛋糕的制作是否成功，此款蛋糕中的面糊打至发白即可。将面糊加入到模具中的时候，要把面糊摇平，否则面糊过满，烘烤的时候，面糊受热，体积膨胀容易导致面糊溢出模具外。

巧克力布朗尼

原料：

酥油 300 克，糖粉 200 克，鸡蛋 150 克，低筋面粉 160 克，可可粉 30 克，香草粉 4 克，盐 2 克，核桃 130 克

制作方法

1. 将酥油倒入搅拌桶中，再加入糖粉，放入电动搅拌机中以中速搅打至两者混匀，继续搅打至稍微成乳白色，然后一边搅打一边分次倒入鸡蛋，待先前倒入的鸡蛋打匀后再继续倒入，打匀后关闭电动搅拌机。
2. 将可可粉倒入低筋面粉中，再倒入香草粉，在筛网下放入一张纸，将混合均匀的粉倒入筛网中，一起过筛，将过筛后的粉倒入搅拌桶中。
3. 将核桃切碎，取 100 克倒入搅拌桶中，倒入盐，用电动搅拌机以慢速打至均匀，搅打均匀后取出。
4. 在烤盘内放入一张白纸，再放上一个正方形模具，将打好的面糊填入模具内，填至八成满，再撒入剩下的 30 克核桃碎。
5. 将烤盘放入烤炉中，以上火 175℃、下火 130℃烘烤 45 分钟。
6. 将烤好的蛋糕取出，脱模具，然后在蛋糕上间隔撒上防潮糖粉即可。

家庭烘焙要领

蛋糕表面装饰的核桃不要切得太碎，也可以把核桃换成杏仁或者其他坚果。布朗尼蛋糕和一般重油蛋糕的区别在于布朗尼蛋糕通常较薄且较结实，不像普通蛋糕那么松软，并且口味偏甜，因此糖不能放得太少。

枣泥核桃蛋糕

原料：

鸡蛋 400 克，砂糖 270 克，低筋面粉 400 克，发粉 8 克，食粉 7 克，红枣 100 克，核桃 50 克，白兰地 50 克，三花奶 50 克，沙拉酱适量

制作方法

1. 将红枣、白兰地、三花奶一起煮烂备用，把核桃碾碎备用。
2. 将鸡蛋、砂糖搅拌均匀，再加入低筋面粉、发粉、食粉搅拌均匀。
3. 继续加入步骤 1 中煮烂的红枣、白兰地、三花奶以及核桃碎搅拌均匀，直至形成面糊。
4. 将面糊倒入模具内，用刮刀抹平面糊的表面，并震动几下，以便面糊内的大气泡震出。
5. 在面糊的表面中间用沙拉酱挤出一条直线。
6. 将模具入炉，用上火 170℃、下火 190℃烘烤 25 分钟。
7. 将烤好的蛋糕取出，脱模后切件即可。

家庭烘焙要领

烘烤蛋糕的时候需要注意火候的掌握，否则极容易把蛋糕烤干或者烤煳。当蛋糕烤至 15 分钟的时候，需要根据蛋糕表面的颜色适当地降低烤箱上火的温度，以便烤出品质良好的蛋糕。吃不完的蛋糕可以用保鲜膜或保鲜盒封好，放在室温下保存即可，不需要放在冰箱里，以免蛋糕变硬。

蜂蜜核桃蛋糕

原料：

碎核桃 65 克，无盐奶油 55 克，金砂糖 25 克，鸡蛋 100 克，蜂蜜 30 毫升，低筋面粉 60 克，发粉 4 克

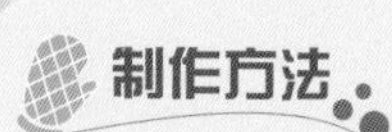

制作方法

1. 将烤箱预热，把碎核桃放入烤箱中层，以上下火 150℃烘烤 10 分钟左右，将核桃取出放凉备用。
2. 将无盐奶油在室温下软化后，加入金砂糖用搅拌机搅拌均匀。
3. 分次加入鸡蛋，并以快速的方式搅拌均匀，再加入蜂蜜继续搅拌均匀，待充分搅匀之后才可继续加入鸡蛋。
4. 用筛网往蛋液中筛入低筋面粉及发粉，改用橡皮刮刀稍微拌和，再加入步骤 1 中的碎核桃，继续用橡皮刮刀以不规则方向拌匀呈面糊状。
5. 用橡皮刮刀将拌好的面糊刮入烤盘内，抹平面糊。
6. 将烤箱预热后，以上火 190℃、下火 180℃烘烤 25 ~ 30 分钟。
7. 将烤好的蛋糕取出，待冷却后脱模即可。

家庭烘焙要领

蛋糕中经常会加一些果干和干果当配料，如提子、蓝莓、核桃、杏仁、榛子等，这些东西并不是不可或缺，但可以使蛋糕的口感更为丰富并且更有营养。如加入果干，通常会先用酒泡几个小时，这样风味更清香，更甜润。

蓝莓重油蛋糕

原料：

鸡蛋 250 克，砂糖 230 克，盐 2 克，低筋面粉 230 克，发粉 7 克，奶香粉 2 克，鲜奶 40 毫升，色拉油 180 毫升，蓝莓果酱、瓜子仁各适量

制作方法

1. 将鸡蛋、砂糖、盐混合均匀，再搅拌至砂糖完全融化。
2. 继续加入低筋面粉、发粉、奶香粉搅拌至无粉粒状。
3. 将鲜奶、色拉油边加入边搅拌至完全混合均匀。
4. 将蓝莓果酱加入，稍微搅拌即可。
5. 将面糊拌好后，倒入模具中，装至八分满，用刮刀将面糊的表面抹平，并在面糊的表面撒上适量的瓜子仁做装饰。
6. 将模具入炉，以上火 180℃、下火 140℃烘烤 25~30 分钟。
7. 待蛋糕熟透后将蛋糕取出，脱模即可。

家庭烘焙要领

蛋糕于香甜细腻中有丝丝蓝莓的酸味，如果不喜欢酸味，可减少蓝莓果酱的用量，喜食酸性食物则可增加蓝莓果酱的加入量。果酱与面糊搅拌时无需完全混合均匀，混合至有彩云状烤出来的蛋糕的效果更佳，会让蛋糕的外形看起来更加舒适美观。

巧克力爆浆蛋糕

原料：

黄油 205 克，巧克力 200 克，鸡蛋 250 克，鸡蛋黄 100 克，糖粉 100 克，低筋面粉 100 克，白兰地 20 毫升，可可粉适量

制作方法

1. 在电磁炉上放一个盛有水的盆，上面再放一个小点的盆，将巧克力倒入小盆中，再倒入黄油，打开电磁炉隔水加热，期间不断搅拌，将巧克力和黄油搅拌均匀。
2. 彻底搅匀熔化黄油和巧克力，再倒入白兰地搅拌均匀。
3. 继续加入糖粉，搅至糖粉完全溶化。
4. 往步骤 3 的液体中倒入低筋面粉，然后搅拌均匀，倒入鸡蛋搅拌均匀，再倒入鸡蛋黄，将其搅匀后成为面糊。
5. 在模具内刷上黄油，粘上可可粉。
6. 将面糊填入裱花袋内，挤入模具内至八分满，将面糊抹平。
7. 将烤盘放入烤炉内，以上火 230℃、下火 180℃烘烤 10 分钟。
8. 将烤好的蛋糕取出，待凉脱模即可。

家庭烘焙要领

此款蛋糕需要用高温急火迅速让外层定型，才能达到流淌的效果。如果一次吃不完，可以放在冰箱里冷藏，吃的时候取出放微波炉中火加热 1 分钟，就能恢复到出炉时的状态。在蛋糕的表面装饰糖粉或淋鲜奶油都不错，如果上面放一球冰淇淋，入口更是美味无穷。

第六章 慕斯蛋糕

慕斯蛋糕小课堂

慕斯是从法语音译过来的，慕斯的英文是 mousse，是一种奶冻式的甜点，可以直接食用或做蛋糕夹层。慕斯蛋糕通常是加入 cream 与凝固剂来造成浓稠冻状的效果，是用明胶凝结乳酪及鲜奶油而成，不必烘烤即可食用。它是现今高级蛋糕的代表。夏季要低温冷藏，冬季无需冷藏可保存 3 ~ 5 天。

慕斯与布丁一样属于甜点的一种，其性质较布丁更柔软，入口即化。制作慕斯最重要的是胶冻原料如琼脂、鱼胶粉、果冻粉等，现在也有专门的慕斯粉了。另外制作时最大的特点是配方中的鸡蛋清、鸡蛋黄、鲜奶油都需单独与糖打发，再混入一起拌匀，所以质地较为松软，有点像打发了的鲜奶油。慕斯使用的胶冻原料是动物胶，所以需要置于低温处存放。

历史与演变

慕斯蛋糕最早出现在美食之都法国巴黎，最初大师们在奶油中加入起稳定作用和改善结构、口感、风味的各种辅料，使之外形、色泽、结构、口味变化丰富，更加自然纯正，冷冻后食用其味无穷，成为蛋糕中的极品。慕斯蛋糕的文化内涵集中反映时尚、健康和品位，其口味纯正自然，清新流畅，没有奶油蛋糕的油腻；口感细腻凉爽，具有高级冰品的特点；成分具有天然、健康的特点；外形装饰具有层次清晰、色彩协调、主题明确、制作精致的特点。慕斯蛋糕的出现符合了人们追求精致时尚，崇尚自然健康的生活理念，满足人们不断对蛋糕提出的新要求，慕斯蛋糕也给大师们一个更大的创造空间，大师们通过慕斯蛋糕的制作展示出他们内心的生活悟性和艺术灵感，在西点世界杯上，慕斯蛋糕的比赛竞争历来十分激烈，其水准反映出大师们的真正功力和世界蛋糕发展的趋势。

芒果舒芙蕾

原料

无盐黄油 20 克，玉米淀粉 20 克，芒果果泥 180 克，鸡蛋黄 100 克，鸡蛋清 150 克，糖 50 克，塔塔粉 1 克，白巧克力、水、奶油、芒果粒、猕猴桃、草莓、葡萄各适量

制作方法

1. 将无盐黄油、芒果果泥隔水加热化开，然后搅拌均匀。

2. 再加入玉米淀粉搅拌均匀。

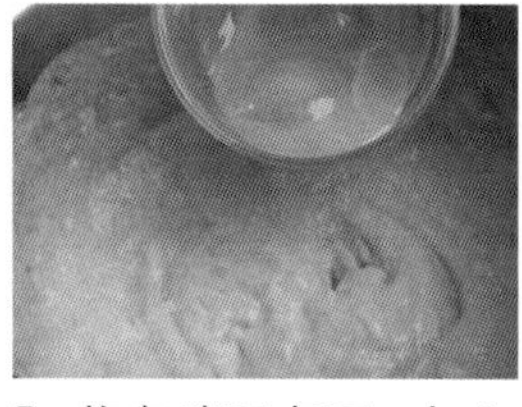

3. 将盘端至桌面，加入鸡蛋黄搅拌均匀成为蛋黄面糊。

4. 往鸡蛋清里加入糖、塔塔粉做成打发的鸡蛋清。

5. 在模具内扫上黄油，撒上糖。

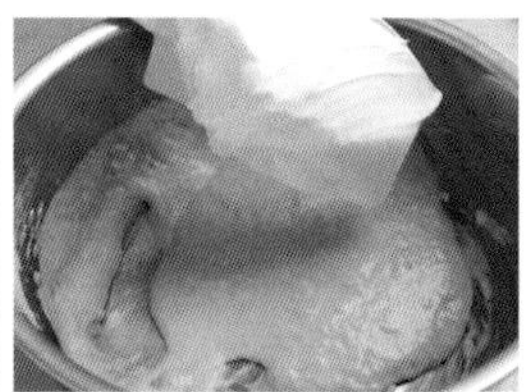
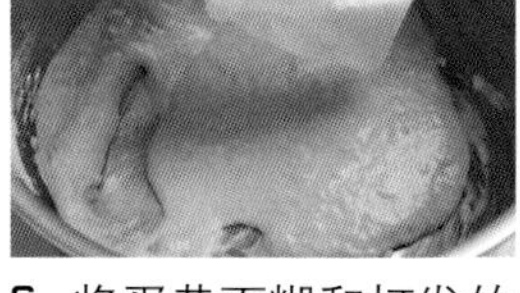

6. 将蛋黄面糊和打发的鸡蛋清拌匀成慕斯。

7. 将慕斯倒入模具至五分满，铺上一层芒果粒。

8. 再往模具内倒满慕斯，将模具放入烤盘中，并加入适量的水。

9. 将模具入烤炉，以上下火 200℃烘烤 25 分钟左右。

10. 将烤好的蛋糕取出，在蛋糕的表面挤上适量的奶油。

11. 在挤好的奶油上面放上猕猴桃、草莓。

12. 再放上适量的葡萄，并用抹刀刨下白巧克力碎撒于蛋糕的表面即可。

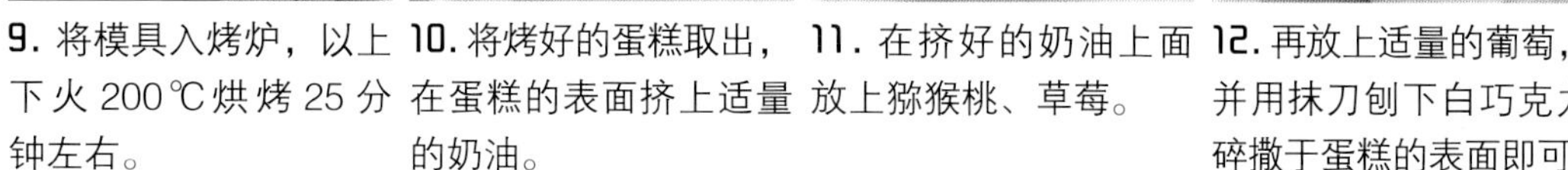

家庭烘焙要领

注意火候，避免黄油、芒果泥隔水加热糊化。如果使用新鲜的水果，则要在当日食用完，因为新鲜的水果水分大，跟蛋糕、奶油等混合很容易变质，如果是罐头水果则可以在冰箱中保存 3 天左右。

香草慕斯

原料：

鸡蛋黄 75 克，糖 30 克，香草粉 60 克，柠檬汁 15 毫升，吉利丁片 5 克，淡奶油 100 毫升，鲜奶油 130 毫升，朗姆酒 80 毫升，巧克力片、樱桃各适量

制作方法

1. 将吉利丁片浸泡，备用；将淡奶油和鲜奶油混合均匀，用搅拌机打至起发。
2. 将鸡蛋黄倒入盆内，加入糖，用打蛋器搅拌均匀。
3. 加入浸泡过的吉利丁片，将盆放在电磁炉上隔水加热至 80℃左右，期间不断搅拌。
4. 关闭电磁炉，倒入打发好的奶油，用打蛋器搅拌均匀。
5. 将香草粉倒入朗姆酒中，搅拌均匀，放在电磁炉上隔水加热至 90℃，期间不断搅匀，取出放在一边冷却至 40℃左右。
6. 将朗姆酒倒入奶油内，用打蛋器搅拌均匀，再加入柠檬汁，搅拌均匀。
7. 用慕斯硬围边纸围成一个圆筒，在里面放入一片蛋糕。
8. 将奶油填入裱花袋内，挤在蛋糕上，上面再放一片小一点的蛋糕。
9. 在蛋糕上面挤入奶油，放进冰箱凝固。
10. 待蛋糕凝固后取出，插上巧克力片，再放上樱桃装饰即可。

注：蛋糕的制作过程可参考第 58 页。

家庭烘焙要领

应将蛋糕片修整得跟圆筒紧凑些，这样奶油可以沿着缝隙流动到外面去。慕斯蛋糕做好后，可以用热毛巾围在慕斯圈周围，直到接触圆筒壁的慕斯层稍微软化并可以移动圆筒，取出圆筒即可食用。

栗子慕斯

原料：

奶油200克，栗子蓉100克，奶油芝士20克，牛奶30毫升，水40毫升，吉利丁片10克，巧克力、朗姆酒、柠檬水各适量

制作方法

1. 将吉利丁片浸泡软后备用；将奶油芝士放在盆中，将盆放在电磁炉上隔水加热，期间不断搅拌，再慢慢倒入牛奶，搅拌均匀。
2. 继续加入水，搅拌均匀，再加入浸泡软的吉利丁片。
3. 将盆放在电磁炉上，隔水加热，搅拌至吉利丁片熔化。
4. 往盆中倒入适量的朗姆酒，再加入适量的柠檬水搅拌均匀。
5. 继续往盆中倒入打发好的奶油，搅匀后加入栗子蓉，搅拌均匀。
6. 取一个模具，在里面放入一片蛋糕，再倒入一部分搅匀的奶油，将奶油抹平。
7. 再放入一块小一点的蛋糕，在蛋糕上面倒入奶油至和模具同高。
8. 用抹刀将奶油抹平，然后放入冰箱冷冻至凝固，待凝固后取出。
9. 用火枪加热模具，取出模具。
10. 取一块巧克力，用抹刀刨下巧克力碎在蛋糕上。
11. 用慕斯分割器在蛋糕上压出切痕，然后切件即可。

注：蛋糕的制作过程可参考第58页。

家庭烘焙要领

因为不需要在烤箱里烤制，所以慕斯蛋糕的模具可以选用金属、塑料或玻璃、瓷质材料的。如果选用的模具是杯子或固定底的蛋糕模，可以不垫蛋糕片，但如果是慕斯圈或脱底的模具，最好用蛋糕片垫底以防慕斯液漏出。

香橙慕斯

原料

蛋糕体：鲜奶260毫升，色拉油160毫升，蜂蜜80毫升，水50毫升，白兰地40毫升，低筋面粉200克，鸡蛋黄250克，巧克力400克，鸡蛋清500克，砂糖300克，塔塔粉8克

慕　斯：奶油200克，奶油芝士30克，牛奶30毫升，水35毫升，吉利丁片10克，香橙果酱50克，巧克力、樱桃、火龙果、朗姆酒各适量

制作方法

1.制作蛋糕体：将鲜奶、色拉油、蜂蜜、水、白兰地混合，再加入低筋面粉搅拌至无粉粒状，继续加入鸡蛋黄拌匀。

2.将巧克力加热熔化后拌入，搅拌均匀成面糊备用。

3.将鸡蛋清、砂糖、塔塔粉混合，先慢后快搅拌，拌打至硬性发泡起鸡尾状。

4.将蛋白霜分次与面糊混合拌透，倒入已垫纸的烤盘中，将面糊抹平，入炉以上火180℃、下火130℃烘烤。

5.将烤好的蛋糕取出，冷却切小块待用。

6.制作香橙慕斯：将奶油芝士放在盆中，将盆放在电磁炉上隔水加热，期间不断搅拌。

7.慢慢倒入牛奶，搅匀，再加入水搅匀，继续加入浸泡软的吉利丁片。

8.将盆放在电磁炉上隔水加热，搅拌至吉利丁片熔化，倒入适量朗姆酒，再加入香橙果酱，搅匀。

9.倒入打发好的奶油，用打蛋器搅匀。

10.取一个模具，在里面放入一片巧克力蛋糕，再倒入一部分奶油，将奶油抹平，继续放入一块小一点的巧克力蛋糕，在上面再倒入奶油至和模具同高。

11.用抹刀将奶油抹平，放入冰箱冷冻至凝固后取出。

12.用火枪加热模具，取出模具。

13.用裱花袋在慕斯上挤入香橙果酱，用抹刀抹平，切件后用慕斯围边纸围起，放上巧克力片和樱桃、火龙果装饰即可。

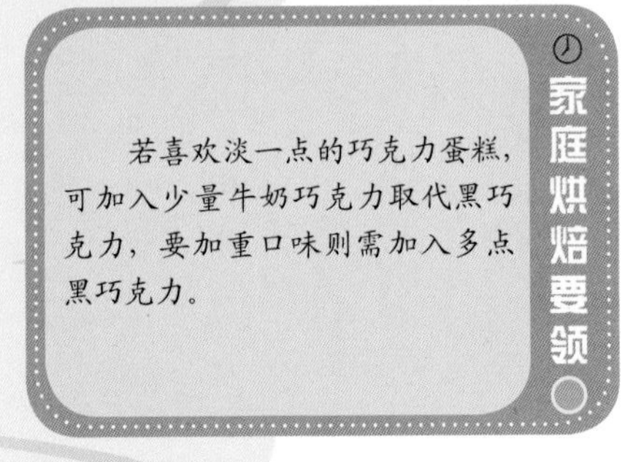

家庭烘焙要领

若喜欢淡一点的巧克力蛋糕，可加入少量牛奶巧克力取代黑巧克力，要加重口味则需加入多点黑巧克力。

蓝莓慕斯

原料：

蓝莓馅 40 克，吉利丁片 10 克，牛奶 75 毫升，奶油 200 克，水、朗姆酒、蓝莓果酱、柠檬汁各适量

制作方法

1. 将吉利丁片浸泡软后捞出备用；将奶油打发；把牛奶放在电磁炉上隔水加热。
2. 往牛奶中加入浸泡软的吉利丁片，用打蛋器搅拌均匀，搅匀后加入适量的水。
3. 关闭电磁炉，将盆取出，滴入适量的柠檬汁。
4. 继续加入蓝莓馅、朗姆酒，再用打蛋器充分搅打均匀。
5. 加入打发好的奶油，用打蛋器搅拌均匀。
6. 取一圆形模具，在里面放入一片巧克力蛋糕，倒入一部分搅匀的奶油。
7. 继续在上面再放入一片小一点的巧克力蛋糕，然后在巧克力蛋糕的上面倒入奶油至和模具同高，用抹刀将奶油抹平，然后放入冰箱冷冻至凝固，待凝固后取出。
8. 用火枪加热模具，取出模具。
9. 在蛋糕上面挤上蓝莓果酱，用抹刀抹匀蛋糕顶面，切件即可。

注：巧克力蛋糕的制作请参考第 112 页步骤 1 ~ 5。

家庭烘焙要领

做慕斯用到的打发奶油不需要打至硬性发泡，六七成湿性发泡状态就可以了，否则混合的时候会很难混合均匀，或者混合后因为太浓稠而不能成型。

巧克力慕斯

原料

巧克力 50 克，吉利丁片 10 克，奶油芝士 50 克，牛奶 75 毫升，奶油 200 克，巧克力碎、朗姆酒、鲜柠檬汁、樱桃各适量

制作方法

1. 将奶油打发好备用；将巧克力放在电磁炉上隔水加热至熔化，用勺子搅拌，放在一旁待用。
2. 将奶油芝士放在盆中，将盆放在电磁炉上隔水加热，期间不断搅拌。
3. 关闭电磁炉，取出已经熔化的奶油芝士，慢慢倒入牛奶，搅拌均匀。
4. 再加入熔化的巧克力和奶油芝士搅匀，继续加入浸泡软的吉利丁片，倒入适量朗姆酒，滴入几滴鲜柠檬汁。
5. 倒入打发好的奶油，用打蛋器搅拌均匀。
6. 取一个模具，在里面放入一片巧克力蛋糕，再倒入一部分搅匀的奶油，将奶油抹平。
7. 再放入一块小一点的巧克力蛋糕，在上面倒入奶油至和模具同高，用抹刀抹平，然后放入冰箱冷冻至凝固，待凝固后取出。
8. 用火枪加热模具，取出模具。
9. 用慕斯分割器在蛋糕上压出切痕，切件。
10. 用慕斯围边纸围起切件后的慕斯，在上面撒上巧克力碎，点上奶油，放上樱桃装饰即可。

注：巧克力蛋糕的制作请参考第 112 页步骤 1 ~ 5。

家庭烘焙要领

巧克力不能用直接加热的方法使其熔化，应隔水加热，并且要保证温度不能太高，50℃ ~ 60℃即可，同时要不断搅拌使其受热均匀。过高的温度或直接加热都会使巧克力的品质下降，并产生焦煳味道。

红豆抹茶慕斯

原料：

淡奶油370毫升，砂糖36克，绿茶粉13克，吉利丁片12克，红豆35克，薄荷酒5毫升，水、黄桃、火龙果、绿葡萄各适量

制作方法

1. 将淡奶油与砂糖放在盆中，将盆放置电磁炉上，加热至砂糖溶化。
2. 将绿茶粉加水搅拌均匀成绿茶汁。
3. 将绿茶汁加入170毫升的奶油中，再加入吉利丁片。
4. 继续加入200毫升的奶油并搅拌均匀，再加入红豆、薄荷酒拌匀成慕斯。
5. 取圆形蛋糕模，放入蛋糕片。
6. 然后加入慕斯至五分满，再垫一片蛋糕。
7. 再继续加入慕斯到满，并将慕斯的表面抹平，入-10℃冰柜冻6小时。
8. 用火枪加热模具，轻轻取出模具。
9. 按需求大小分切好，挤上奶油，放黄桃、火龙果和绿葡萄装饰即可。

注：蛋糕的制作过程可参考第58页。

家庭烘焙要领

绿茶粉和水的比例要适当，不宜太稀，以略有浓感为度。一般在蛋糕馅料中使用到的新鲜水果，都可以将其处理后加砂糖用火煮制，这样可以将过多的水分煮干，使水果的口感绵软，并且烤成蛋糕后不会因为水果的水分大而很快变质。加入砂糖可以调节水果的酸甜口感，也可以起到防腐的作用。

苹果乳酪慕斯

原料：

淡奶油560毫升，鲜奶油80毫升，苹果馅220克，糖120克，柠檬汁10毫升，吉利丁片15克，乳酪160克，火龙果、巧克力装饰各适量

制作方法

1. 将淡奶油倒入奶油桶内，用电动搅拌机将淡奶油打至六成起发，放在一旁待用。
2. 将乳酪放在盆中，用电磁炉隔水加热，期间不断用打蛋器搅至熔化。
3. 倒入糖，继续用打蛋器搅匀，再倒入苹果馅，用打蛋器搅匀。
4. 加入浸泡过的吉利丁片，用打蛋器搅拌，再加入鲜奶油搅匀后，关闭电磁炉，将盆取出，倒入柠檬汁，用打蛋器搅匀。
5. 在盆中倒入打发好的淡奶油，用打蛋器搅拌均匀。
6. 取一个圆形模具，在底部覆盖一层保鲜膜，加上一个底座，再在模具内放入一片圆形蛋糕。
7. 在蛋糕上倒入搅匀的奶油，抹匀奶油后，再在上面放入一块小一点的圆形蛋糕。
8. 再倒入奶油，将奶油抹至和模具同高，放入冰箱冷冻至凝固，待凝固后取出，放在蛋糕转台上。
9. 用火枪加热模具，轻轻取出模具。
10. 用慕斯分割器从慕斯蛋糕顶部轻轻压下一点，用平光刀沿着慕斯分割器的压痕切件。
11. 将切件后的慕斯装上金色底托，放上火龙果和巧克力装饰即可。

注：蛋糕的制作过程可参考第58页。

家庭烘焙要领

切慕斯蛋糕的时候，把刀先在火上烤一会儿，或者用电吹风吹热再切，可以将蛋糕切得非常整齐。每切一刀，都要把刀擦干净并重新烤热，这样就能切出很漂亮的慕斯蛋糕了。

香草椰奶慕斯

原料

牛奶 200 毫升，椰奶 135 毫升，糖 65 克，吉利丁片 17 克，淡奶油 350 毫升，椰子酒 5 毫升，猕猴桃、草莓、绿葡萄各适量

制作方法

1. 将牛奶、椰奶、糖加热并且搅拌均匀，再加入吉利丁片。
2. 继续加入奶油搅拌均匀，然后加入椰子酒拌匀成为慕斯。
3. 取方形蛋糕模，往模具里放入一片蛋糕片，然后加慕斯至五分满。
4. 再垫一片蛋糕，并继续加入慕斯到满，用刮刀将慕斯的表面抹平，放入 -10℃的冰柜冻 6 小时。
5. 待慕斯蛋糕冷冻好后，用喷枪帮助脱模。
6. 按需求大小分切好，挤上奶油，放猕猴桃、草莓。
7. 再放上绿葡萄装饰即可。

注：蛋糕的制作过程可参考第 58 页。

家庭烘焙要领

牛奶、椰奶、糖加热时要掌握火候，尤其是糖不要烧煳。制作水果慕斯等甜点，部分水果里的酵素会分解蛋白质，而吉利丁片的主要成分为蛋白质，使吉利丁片不能凝固，这类水果包括猕猴桃、木瓜等。在将吉利丁片加入这类水果中之前，要把水果先煮一下。

草莓椰奶慕斯

原料

草莓慕斯：鲜奶15毫升，草莓果泥187克，砂糖40克，吉利丁片10克，草莓利口酒15毫升，淡奶油215毫升，黄桃、葡萄各适量

椰奶淋面：椰奶100毫升，砂糖15克，吉利丁片8克，淡奶油25毫升，椰子酒10毫升

制作方法

1. 制作草莓慕斯：将牛奶、砂糖加热搅拌至糖溶化，然后加入草莓果泥和吉利丁片搅拌均匀。
2. 挤入奶油，搅拌均匀，再加草莓利口酒拌匀成慕斯。
3. 取圆形蛋糕模，放入蛋糕片，倒入慕斯至九分满，并将慕斯的表面抹平，然后放入-10℃冰柜冻6小时。
4. 制作椰奶淋面：将椰奶、糖、淡奶油加热，搅拌至糖溶化，再加入吉利丁片、椰子酒拌匀成淋面。
5. 将淋面放凉至手温，淋入冻好的慕斯蛋糕中，然后放入-10℃冰柜冷冻1小时。
6. 待慕斯蛋糕冷冻好后，用喷枪帮助脱模。
7. 将慕斯蛋糕按需求大小分切好，在蛋糕上挤好奶油，放上黄桃和葡萄装饰即可。

注：蛋糕的制作过程可参考第58页。

家庭烘焙要领

倒入慕斯时不宜过满，否则不易抹平，影响外观。草莓慕斯做好后，放在冰箱里冷藏一会儿，当草莓果酱和打发的淡奶油两者浓稠度接近的时候，二者才容易混合均匀。

樱桃乳酪慕斯

原料

慕斯：淡奶油 1600 毫升，砂糖 150 克，乳酪 25 克，吉利丁片 25 克，杨桃、葡萄各适量

淋面：樱桃果泥 80 克，砂糖 80 克，吉利丁片 15 克

制作方法

1. 制作慕斯：隔水加热软化乳酪和 100 毫升淡奶油，再加入砂糖和吉利丁片并搅拌均匀，继续加入 1500 毫升淡奶油，拌匀成慕斯。
2. 模具中首先垫一片蛋糕，然后加入慕斯至四分满，再垫一片蛋糕，继续加入慕斯到九分满，将慕斯的表面抹平，放入零下 10℃冰柜冷冻 6 小时。
3. 制作淋面：将砂糖和水加热到溶化，再加樱桃果泥、吉利丁片，搅拌均匀。
4. 放凉至手温，淋入冷冻好的慕斯蛋糕中，然后放入 -10℃冰柜冷冻 1 小时。
5. 待慕斯蛋糕冷冻好后，用喷枪帮助脱模。
6. 将慕斯蛋糕按需求大小分切好，挤上奶油，放杨桃、葡萄装饰即可。

注：蛋糕的制作过程可参考第 58 页。

家庭烘焙要领

淋面材料要搅拌均匀，以免影响口感。制作慕斯馅的时候，乳酪糊和吉利丁片溶液混合后，需要尽快和淡奶油混合并且倒入模具，否则乳酪糊会很快变得浓稠结块。

意大利罗马假日

原料：

乳酪100克，糖28克，牛奶40毫升，鸡蛋黄20克，吉利丁片5克，淡奶油130毫升，奶油130克，朗姆酒、巧克力装饰各适量

制作方法

1. 将吉利丁片浸泡软后捞出备用；将淡奶油和奶油混匀，用搅拌机打至起发。
2. 在盆内放入乳酪，然后加入糖，用打蛋器搅拌均匀，倒入鸡蛋黄，不断搅拌。
3. 将盆放在电磁炉上隔水加热至80℃，加入浸泡过的吉利丁片，期间不断搅拌。
4. 关闭电磁炉，将盆取出，一边搅拌一边倒入牛奶，加入打发好的奶油搅拌，继续加入朗姆酒搅拌。
5. 在方形模具内放入一片蛋糕，在蛋糕上倒入奶油，用抹刀抹平奶油。
6. 继续在上面再放入一片小一点的蛋糕，再在上面倒入奶油。
7. 用抹刀将奶油抹至和模具同高，放进冰箱凝固，待凝固后取出。
8. 用刷子粘上鸡蛋黄，在蛋糕上刷上一层鸡蛋黄。
9. 用火枪加热模具周围，取出模具。
10. 将蛋糕切件，加上慕斯牌，放上巧克力装饰即可。

注：蛋糕的制作过程可参考第 58 页。

家庭烘焙要领

吉利丁片泡软后，加热就会融化成液态。最好用冰水来浸泡吉利丁片，且吉利丁片与其他物质混合时候的温度不宜过高。吉利丁片的加热方式，可以选择隔水加热，也可以将碗放入微波炉里转十几秒，再取出轻轻地搅拌至溶解。

柠檬乳酪慕斯

原料：

乳酪 220 克，牛奶 130 毫升，鸡蛋黄 45 克，砂糖 90 克，柠檬汁 15 毫升，淡奶油 270 毫升，吉利丁片 11 克，巧克力、香橙果酱、樱桃各适量

制作方法

1. 将乳酪隔水加热软化，加入砂糖、牛奶、吉利丁片搅拌均匀，继续加入鸡蛋黄，然后搅拌均匀。
2. 再加入适量的柠檬汁搅拌均匀。
3. 继续加入淡奶油并搅拌均匀成慕斯。
4. 将拌好的慕斯倒入模具中至五分满。
5. 往模具中放入一片蛋糕片，再加入慕斯至满，将慕斯的表面抹平，然后放入 -10℃冰柜中冷冻 6 小时，待蛋糕冻好后取出，用火枪帮助脱模。
6. 在蛋糕的四边贴上巧克力，并在蛋糕的上面挤上适量的香橙果酱。
7. 最后放上樱桃装饰即可。

注：蛋糕的制作过程可参考第 58 页。

柠檬汁味酸，不宜添加过多，以免影响蛋糕的口感。制作慕斯蛋糕时如需打发鸡蛋黄，一定要隔水加热打发，注意不要把鸡蛋黄烫熟了，要保证盆里的水温不要过高。往步骤 3 中加入淡奶油的时候，一定要等蛋黄糊凉后再混合，把蛋黄糊降温至 38℃左右，也就是手摸着感觉不热了再进行混合。因为奶油怕热，如果把热的液体倒入奶油中，奶油很快化掉。

图书在版编目（CIP）数据

蛋糕制作技法 / 犀文图书编著 . — 天津 : 天津科技翻译出版有限公司, 2014.1
（零基础学烘焙）
ISBN 978-7-5433-3329-1

Ⅰ. ①蛋… Ⅱ. ①犀… Ⅲ. ①蛋糕－制作 Ⅳ. ① TS213.2

中国版本图书馆 CIP 数据核字 (2013) 第 302331 号

出　　版：天津科技翻译出版有限公司
出 版 人：刘 庆
地　　址：天津市南开区白堤路 244 号
邮政编码：300192
电　　话：（022）87894896
传　　真：（022）87895650
网　　址：www.tsttpc.com
策　　划：犀文图书
印　　刷：深圳市新视线印务有限公司
发　　行：全国新华书店
版本记录：710×1000　16 开本　8 印张　80 千字
2014 年 1 月第 1 版　2014 年 1 月第 1 次印刷
定价：29.80 元